"十三五"高职高专规划教材

GPS 测量技术

主　编　闫　野　姜雄基　张振雷

副主编　黄雪梅　杨柳青

主　审　解宝柱

北京交通大学出版社

·北京·

内 容 简 介

本书共 10 章，主要包括：绪论、GPS 的组成及其信号、坐标系和时间系、GPS 定位原理与方法、GPS 测量的误差来源及其影响、GPS 网的技术设计、GPS 测量的外业工作、GPS 基线解算、GPS 网平差和 GPS 高程测量。

本书可作为高职高专院校铁道工程技术、高速铁道工程技术、桥梁与隧道工程技术、城市轨道技术、工程测量技术等专业的教学用书，同时也能作为企业工程技术人员的参考用书。

图书在版编目（CIP）数据

GPS 测量技术 / 闫野，姜雄基，张振雷主编. —北京：北京交通大学出版社，2018.11（2021.6 重印）

ISBN 978-7-5121-3780-6

Ⅰ. ① G… Ⅱ. ① 闫… ② 姜… ③ 张… Ⅲ. ① 全球定位系统–测量技术 Ⅳ. ① P228.4

中国版本图书馆 CIP 数据核字（2018）第 257953 号

GPS 测量技术
GPS CELIANG JISHU

责任编辑：黎 丹
出版发行：北京交通大学出版社　　　　　　电话：010-51686414　　http://www.bjtup.com.cn
地　　址：北京市海淀区高梁桥斜街 44 号　　邮编：100044
印 刷 者：北京时代华都印刷有限公司
经　　销：全国新华书店
开　　本：185 mm×260 mm　　印张：11.25　　字数：288 千字
版　　次：2018 年 11 月第 1 版　　2021 年 6 月第 2 次印刷
书　　号：ISBN 978-7-5121-3780-6/P·9
印　　数：2 001～4 000 册　　定价：39.00 元

本书如有质量问题，请向北京交通大学出版社质监组反映。对您的意见和批评，我们表示欢迎和感谢。
投诉电话：010-51686043，51686008；传真：010-62225406；E-mail：press@bjtu.edu.cn。

前　言

GPS 测量技术已经广泛应用于国民经济建设和社会可持续发展等诸多领域中，促进了相关行业的技术发展与进步。近年来，随着我国高速铁路建设进入快速发展时期，GPS 测量技术成为了工程专业技术人员的必备技能之一。

本书共 10 章，主要包括：绪论、GPS 的组成及其信号、坐标系和时间系、GPS 定位原理与方法、GPS 测量的误差来源及其影响、GPS 网的技术设计、GPS 测量的外业工作、GPS 基线解算、GPS 网平差和 GPS 高程测量。

本书由辽宁铁道职业技术学院解宝柱教授主审，辽宁铁道职业技术学院闫野、姜雄基、张振雷任主编，黄雪梅、杨柳青任副主编。闫野负责全书统稿。本书共 10 章，其中第 1、2、5 章由姜雄基编写，第 3、7、9 章由闫野编写，第 4、6、8 章和第 10.1～10.3 节由张振雷编写，第 10 章的 10.4、10.5 节由杨柳青编写。

本书强化学生职业技术能力的培养，能满足高职高专院校铁道工程技术、高速铁道工程技术、桥梁与隧道工程技术、城市轨道技术、工程测量技术等专业的教学使用，同时也能作为企业工程技术人员的参考书。

本书配有教学课件和相关的教学资源，有需要的读者可以从网站 http://www.bjtu.com.cn 下载或者与 cbsld@jg.bjtu.edu.cn 联系。

由于编者水平有限，书中存在谬误与不当之处在所难免，恳请广大读者批评指正。

编　者

2018 年 10 月

目　　录

第1章 绪 论

本章导读

本章主要介绍了 GPS 的产生及发展概况；GPS 应用于导航定位的特点；GPS 政策的变化及其影响；其他全球卫星导航系统。

1.1 GPS 的发展

1957 年 10 月世界上第一颗人造地球卫星发射成功，这是人类致力于现代科学技术发展的结晶，它使空间科学技术的发展迅速跨入了一个崭新的时代。

人造地球卫星技术在军事、通信、气象、资源勘察、导航、遥感、大地测量、地球动力及天文等众多学科领域得到极其广泛的应用，从而推动了科学技术的迅猛发展，也丰富了人类的科学文化生活。

人造地球卫星的出现，首先引起了各国军事部门的高度重视。1958 年年底，美国海军武器实验室就着手实施建立为美国军用舰艇导航服务的卫星系统，即"海军导航卫星系统"(navy navigation satellite system, NNSS)。该系统中卫星的轨道都通过地极上空，故也称"子午卫星系统"。1964 年该系统建成，并开始在美国军方启用；1967 年美国政府批准该系统解密，并提供民用。由于该系统不受气候条件的影响，自动化程度较高，且具有良好的定位精度，所以立即引起了大地测量学者的极大关注。尤其是在该系统提供民用之后，在大地测量方面进行了大量的应用研究和实践，并取得了许多令人瞩目的成就。这就预示着经典的大地测量技术面临着一场重大的变革。

虽然 NNSS 在导航技术的发展中具有划时代的意义，但是由于该系统卫星数目较少（5～6 颗）、运行高度较低（平均约 1 000 km）、从地面站观测到卫星的时间间隔较长（平均约 1.5 小时），因而它无法提供连续的实时三维导航。加之获得一次导航解所需要的时间较长，所以难以充分满足军事方面，尤其是高动态目标（如飞机、导弹）导航的要求。而从大地测量学方面来看，由于它定位速度较慢（一个测站一般平均观测 1～2 天），精度也较低（单点定位精度 3～5 m，相对定位精度约为 1 m），所以该系统在大地测量学和地球动力学研究方面的应用也受到了很大的限制。

为了满足军事部门和民用部门对连续实时和三维导航的迫切要求，1973 年美国国防部正式开始组织海陆空三军共同研究建立新一代卫星导航系统的计划，即"导航卫星授时与测距/全球定位系统"（navigation satellite timing and ranging/global positioning system，NAVSTAR/GPS），通常简称为"全球定位系统"（GPS）。

GPS 计划分为三期工程：第一期工程（1973—1979 年）为制订方案和方案论证，包括制订规划、总体设计、理论研究、发射试验卫星、研制用户接收机等；第二期工程（1979—1985

年）为系统试验，包括操作控制系统的研制和运转、工作卫星的研制等；第三期工程（1985—1994 年）为生产作业和发展应用。

GPS 历时 20 余年，耗资逾 300 亿美元，于 1994 年建成投入运行。通过导航定位实践证明，GPS 系统是一个高精度、全天候和全球性的导航、定位和定时的多功能系统。GPS 技术已经发展为多领域（陆地、海洋、航空、航天）、多模式（GPS、DGPS、LADGPS、WADGPS、WAAS 等）、多用途（在途导航、精密定位、精确定时、卫星定轨、灾害监测、资源调查、工程建设、市镇规划、海洋开发、交通管制等）、多机型（测地型、全站型、定时型、手持型、集成型、车载式、船载式、机载式、星载式、弹载式）的高新技术国际型产业。GPS 导航与定位技术的迅猛发展已成为 20 世纪后期人类科技进步的里程碑。许多学者预言，即使在 21 世纪初期，它仍独领风骚 20 年以上，并极大地推动空间科学、大气科学、海洋科学、地球科学及工程技术的发展。同时，它也将广泛地渗透到人类社会发展的多个领域，激起社会生活的变革及人们观念的更新。

1.2 GPS 概论及其应用特点

1.2.1 GPS 概论

GPS 是全球性的卫星定位和导航系统，能提供连续的、实时的位置、速度和时间信息。整个系统包括空间卫星、地面监控站和用户接收机三部分。空间卫星部分有 24 颗卫星，均匀分布在六个倾角为 55° 的近圆形的轨道上，每个轨道有四颗卫星。轨道距地面平均高度约为 20 200 km。卫星绕地球一周需要 11 小时 58 分。这样，地球上任何地方、任何时刻都能收到至少四颗卫星发射的信号。

每颗 GPS 卫星可连续地发送两个 L 波段的无线电载波：f_{L1} = 1 575.42 MHz，f_{L2} = 1 227.60 MHz。载波上调制了多种信号，用于计算卫星位置、辨别卫星和测量站星距离等。

GPS 测量时有两种基本的观测量："伪距"和载波相位。接收机利用相关分析原理测定调制码由卫星传播至接收机的时间，再乘上电磁波传播的速度便得距离，由于所测距离受大气延迟和接收机时钟与卫星时钟不同步的影响，它不是几何距离，故称为"伪距"。载波相位测量是把接收到的卫星信号和接收机本身的信号混频，从而得到拍频信号，再进行相位差测量，相位测量装置只能测量载波波长的小数部分，因此所测的相位可以看成是波长整数未知（也称整周模糊度）的"伪距"。由于载波的波长短（λ_1 为 19.03 cm，λ_2 为 24.42 cm），所以测量的精度比"伪距"高。

GPS 定位时，把卫星看成是"飞行"的已知控制点，利用测量的距离进行空间后方交会从而得到接收机的位置。卫星的瞬时坐标可以利用卫星的轨道参数计算。

GPS 定位包括单点定位和相对定位两种方式。单点定位确定点在地心坐标系中的绝对位置。相对定位则利用两台以上的接收机同时观测同一组卫星，然后计算接收机之间的相对位置。定位测量时，许多误差对同时观测的测站有相同的影响。因此在计算时，大部分误差相互抵消，从而大大提高了相对定位的精度。

影响 GPS 定位精度的因素有两个：一个是观测误差，另一个是定位时卫星位置的几何图形，后者称为定位几何因素，用 DOP 表示。设 σ 为定位误差，σ_0 为测量误差，则有

$$\sigma = \text{DOP} \cdot \sigma_0$$

DOP 取何种形式，取决于 σ 所代表的精度的含义。目前，GPS 单点定位的精度为几十米，而相对定位精度可达 $(1\sim0.01)\times10^{-6}$。

1.2.2 GPS 应用特点

自 20 世纪 80 年代起，随着 GPS 实验卫星和工作卫星先后不断升空，经各国科学家的积极开发研究和各生产厂家的竞相研制，GPS 的硬件和软件不断更新，使 GPS 技术在导航、测绘等领域迅速获得推广应用。通过实践，GPS 定位技术的应用特点可归纳如下。

1. GPS 应用于导航定位的特点

① 全球地面连续覆盖。由于 GPS 卫星的数目较多且分布合理，所以地球上任何地点均可连续同步地观测到至少 4 颗卫星，从而保障了全球、全天候连续地实时导航与定位。

② 功能多、精度高。GPS 可为各类用户连续地提供动态目标的三维位置、三维速度和时间信息。一般来说，目前其单点实时定位精度如不受影响可达 $5\sim10$ m，静态相对定位精度可达 $(1\sim0.01)\times10^{-6}$，测速精度为 0.1 m/s，而测时精度约为数十纳秒。随着 GPS 测量技术和数据处理技术的发展，其定位、测速和测时的精度将进一步提高。

③ 实时定位速度快。利用 GPS，一次定位和测速工作在 1 秒至数秒内便可完成（NNSS 需 $8\sim10$ 分钟），这对高动态用户来说尤为重要。

④ 抗干扰性能好，保密性强。由于 GPS 采用了数字通信的特殊编码技术，即伪随机噪声码技术，因而 GPS 卫星发送的信号具有良好的抗干扰性和保密性。

由于 GPS 主要是为满足军事部门高精度导航与定位的需要而建立的，所以上述优点对军事上动态目标的导航具有十分重要的意义。正因为如此，美国政府把发展 GPS 技术作为导航技术现代化的重要标志，并把这一技术视为 20 世纪最重大的科技成就之一。

2. GPS 应用于测量的特点

GPS 定位技术的高度自动化和所达到的定位精度（见图 1-1）及其潜力使广大测量工作者产生了极大的兴趣。尤其从 1982 年第一代大地型无码 GPS 接收机 Macrometer V-1000 投入市场以来，在应用基础的研究、应用领域的开拓、硬件和软件的开发等方面都得到蓬勃发展。广泛的实验活动为 GPS 精密定位技术的应用展现了广阔的前景。

相对于经典的测量学来说，这一新技术的主要特点如下。

① 观测站之间无须通视。既要保持良好的通视条件，又要保障三角网的良好图形，这一直是经典大地测量在实践方面的困难问题之一。GPS 测量不要求观测站之间相互通视，因而不再需要建造规标。这一优点既可大大减少测量工作的经费和时间（一般造标费用占总经费的 $30\%\sim50\%$），又可使点位的选择变得更为灵活。

不过也应指出，GPS 测量虽不要求观测站之间相互通视，但必须保持观测站的上空开阔（净空），以使接收 GPS 卫星的信号不受干扰。

② 定位精度高。现已完成的大量实验表明，在小于 50 km 的基线上，其相对定位精度可达 $(1\sim2)\times10^{-6}$，而在 $100\sim500$ km 的基线上可达 $10^{-7}\sim10^{-6}$。随着观测技术与数据处理方法的改善，在大于 1 000 km 的距离上，相对定位精度可达到或优于 10^{-8}。各种定位方法的精度比较如图 1-1 所示。

③ 观测时间短，效率高。目前，完成一条基线的精密相对定位所需要的观测时间，根据

要求的精度不同一般为 1～3 h。为了进一步缩短观测时间，提高作业速度，快速定位方法的应用正受到广泛的重视。近年来发展的短基线（例如不超过 20 km）快速相对定位法，其观测时间仅需数分钟。

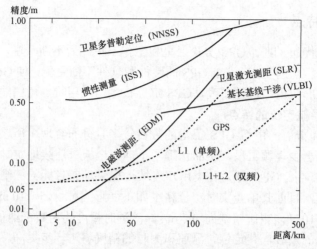

图 1-1　各种定位方法的精度比较

④ 提供三维坐标。GPS 测量在精确测定观测站平面位置的同时，可以精确测定观测站的大地高程。GPS 测量的这个特点，不仅为研究大地水准面的形状和确定地面点的高程开辟了新途径，同时也为其在航空物探、航空摄影及导航中的应用提供了重要的高程数据。

⑤ 操作简便，自动化程度高。GPS 测量的自动化程度很高，在观测中测量员的主要任务只是安装并开关仪器、量取仪器高和监视仪器的工作状态，而其他观测工作，如卫星的捕获、跟踪观测等均由仪器自动完成。另外，GPS 用户接收机一般重量较轻、体积较小，例如 Ashtech M XII 型 GPS 接收机，包括电池在内的重量约为 3.9 kg，体积为 10 cm×20 cm×22 cm；而 Wid 200 型 GPS 测量系统，其控制器和传感器两部分共重约 3.3 kg，因此携带和搬运都很方便。

⑥ 成本低，经济效益高。由国内外大地测量实测资料表明，用 GPS 定位技术建立控制网，要比常规大地测量技术节省 70%～80%的外业费用，这主要是因为节省了造标的费用和效率，从而使工期大大缩短。随着 GPS 接收机性能和价格比的不断提高，经济效益将更加显著。

⑦ 全天候作业。GPS 观测工作可以在任何地点、任何时间连续进行，一般也不受天气状况的影响。

综上所述，GPS 定位技术较常观测量手段有显著优势，而且它是一种被动式定位系统，可以为无限多个用户使用，它必将逐步取代常规测量手段。此外，GPS 定位技术与另两种精密空间定位技术［卫星激光测距（SLR）和基长基线干涉（VLBI）测量］相比，精度已能与 SLR 和 VLBI 相媲美，且 GPS 接收机轻巧方便，价格较低，更加显示出 GPS 定位技术较之 SLR 和 VLBI 具有更优越的条件和更广泛的应用前景。

1.3　GPS 政策及基本对策

1. GPS 政策

GPS 卫星发射的无线电信号，含有两种精度不同的测距码［即 P 码（也称精码）和 C/A

码（也称粗码）相应的两种测距码]，GPS 将提供两种定位服务方式，即精密定位服务（precise positioning service，PPS）和标准定位服务（standard positioning service，SPS）。

精密定位服务的主要对象是美国军事部门和其他特许的部门。这类用户可利用 P 码获得精度较高的观测量，且能通过卫星发射的两种频率信号测量距离，以消除电离层折射的影响。利用 PPS 也不会受到下述选择可用性政策的影响，单点实时定位的精度可优于 10 m。标准定位服务的主要对象是广大的民间用户。利用 SPS 得到的观测量精度较低，只能采用调制在一种频率上的 C/A 码测量距离，无法利用双频技术消除电离层折射的影响，其单点实时定位的精度为 20～30 m。但是在选择可用性政策的限制下，利用 SPS 的定位精度将进一步降低至约 100 m。

因为 GPS 与美国的国防现代化发展密切相关，除以上的"双用途"政策及该系统在设计方面采取了许多保密性措施外，在其全部投入运行后还实行了选择可用性（selective availability，SA）政策，即人为地将卫星星历和 GPS 卫星钟的精度降低，以限制广大民间用户利用 GPS 定位的精度。

从 1991 年 7 月 1 日开始，在轨的 GPS 卫星全部实施 SA 技术，形成 GPS 卫星信号的人为干涉，其主要内容如下。

① GPS 卫星向全球用户播发的星历，是用两种伪噪声码进行传送的。P 码所传送的 GPS 卫星星历已从 20 m 左右的精度提高到了 5 m 左右。但是，只有工作于 P 码的接收机，才能从 P 码中解译出精密的 GPS 卫星广播星历（简称 P 码星历）。C/A 码所传送的 GPS 卫星星历（简称 C/A 码星历），经过 ε 技术处理后，将它的精度人为地降低到±100 m。而且，它不是一个人为的固定偏差，而是一个无规则变化的人为随机值。目前绝大多数的商品接收机，都是工作于 C/A 码的，换言之，只能使用降低了精度的 C/A 码星历。在用 GPS 信号测定点位时，GPS 卫星是作为一种动态已知点，它是通过一定的公式，利用 GPS 卫星星历解算的。C/A 码星历精度的人为降低，必将给动态用户引入相应量级的误差。这是非特许用户进行高精度 GPS 测量时必须解决的一个大难题。

② GPS 卫星的基准信号（10.23 MHz）经过 δ 技术处理，人为地引入一个高频抖动信号。因为基准信号是所有卫星信号（载波、伪噪声码、数据码）的振荡源，故所有派生信号都将引入一个"快变化"的高频抖动信号。

③ P 码经过译密技术处理而变成 Y 码。Y 码是由正常的 P 码和机密的 W 码之模二和形成的，也叫作反电子诱骗（anti spoofing，AS）。实施 AS 技术的目的在于：防止敌方对 P 码进行精密导航定位的电子干扰。当实施 AS 技术时，非特许用户不仅不能使用 P 码进行定时定位，而且不能进行 P 码和 C/A 码相位测量的联合解算。只有特许用户才知道 W 码的结构，从而可按伪噪声码的解码方法解译出 P 码。但是，GPS 联合办公室的人士透露，只有在国家紧急状态下或者短期试验时才启用 W 码，一般情况下，将不会采用 Y 码（AS 技术）。

美国政府实施 SA 政策后，把未经美国政府授权的广大用户的实时单点定位精度降低至下列水平：平面位置的误差≤100 m（置信度为 95%）；高度误差≤140 m（置信度为 95%），以便确保美国的国家安全利益不受损害。上述精度水平对于许多应用领域来讲（例如飞机的进场和着陆、船舶进港及内河航行地面车辆的导航及调度管理，资源勘探、环境监测、灾难救助等）都显得过低，难以满足用户的要求，从而极大地限制了 GPS 的应用范围和用户的数量。

2. 针对 SA 政策的基本对策

美国政府对 GPS 实施的 SA 政策严重损害了非特许用户的实时定位精度，为了减弱其影响，当前采取的基本对策如下。

（1）建立独立的 GPS 卫星测轨系统

利用 GPS 卫星，建立独立的跟踪系统，以精密地测定卫星的轨道为用户提供服务，是一项经济有效的措施，它对开发 GPS 的广泛应用具有重大意义。

所以，除美国的一些民用部门外，加拿大、澳大利亚和欧洲一些国家都在实施建立区域性或全球性精密测轨系统的计划。建立区域性测轨系统的措施对我国利用和普及 GPS 定位技术、推进测绘科学技术的现代化，也具有重要的现实意义。我国在"八五"期间所建立的 GPS 卫星跟踪站已基本构网，建成了武汉、上海、北京、拉萨和乌鲁木齐 GPS 卫星跟踪站。

（2）建立独立的卫星导航系统

为了彻底摆脱对美国 GPS 的依赖，世界上许多国家和地区相继开始研制开发新型的、独立的导航系统，如俄罗斯的全球导航卫星系统（global navigation satellite system，GLONASS）；1994 年 1 月欧洲空中航行安全组织（EURO CONTROL）、欧盟和欧空局（ESA）三个机构联合组建了一个机构——"欧洲三联体组合"，其主要任务是开发欧洲自主的民用"全球导航卫星系统"；一个总部设在英国的国际卫星通信组织也设计了"全球卫星导航系统"。

不过，建立独立的卫星导航系统是一项技术复杂、耗资巨大的工程，对于许多国家而言还是一项难以实施的工程。

（3）利用差分 GPS（DGPS）技术

差分 GPS（DGPS）技术是消除美国政府 SA 技术所造成的危害，大幅度提高实时单点定位精度的有效手段。近年来 DGPS 技术取得了长足的进展，从软、硬件的功能看，它已进入实用阶段。

影响 GPS 实时单点定位精度的因素很多，其中主要的有卫星星历误差、大气延迟误差和卫星钟的钟差，以及实施 SA 技术后造成的人为误差。这些误差从总体上讲有很好的空间相关性，因而相距不太远的两个测站在同一时间分别进行单点定位时，上述误差对两站的影响就大体相同。如果能在已知站也配备一台 GPS 接收机和用户一起进行 GPS 观测，就有可能求得每个观测时刻由于以上误差而造成的影响（例如将 GPS 单点定位所求得的结果与已知站坐标比较就能求得上述误差对站坐标的影响）。如果该已知站还能通过数据通信链将求得的偏差改正数及时发送给附近工作的用户，那么这些用户在施加上述改正数后，其定位精度就能大幅度提高，这就是差分 GPS 技术的基本工作原理。该已知站称为基准站，利用这一方法可将用户的实时单点定位精度从原来的 ±100 m 提高至 5～10 m（当用户距基准站＞200 km 时），因而是消除 SA 影响的相当有效的手段。

差分 GPS 技术的发展十分迅速，从初期仅能提供坐标改正数或距离改正数发展成为目前能将各种误差影响分离开来，向用户提供星历改正、卫星钟钟差改正和大气延迟模型等各种改正信息。数据通信也从利用一般的无线电台发展为利用广播电视信号中的空闲部分来发送改正信息或利用卫星通信手段来发送改正信息，从而大幅度增加了信号的覆盖面。差分 GPS 技术从最初的单基准站差分系统发展到具有多个基准站的区域性差分系统和广域差分 GPS 系统，最近又出现了广域增强系统等。

3. GPS 政策的变化及其影响

为保护 GPS 在卫星导航领域的绝对优势，扼制其他相关导航系统的发展，美国前副总统戈尔于 1996 年对外宣布了经克林顿总统签署的一项有关 GPS 政策的"总统决策指令(PDD)",并同时向有关各界发布了美国新的 GPS 政策要点。

美国新的 GPS 政策目标是:提高和维护国家安全;鼓励在全球范围内将 GPS 用于民用、商用和科学研究;鼓励私营企业对 GPS 技术及服务进行投资和应用;提高交通和其他一些领域的安全性和效率;促进 GPS 的国际合作;提高美国的科技能力。

基于上述目标,美国政府确定了 GPS 政策的指导原则。根据美国政府的一系列 GPS 政策和原则,许多学者预言未来 10 年内,美国的 GPS 政策将会有重要变化:关闭 SA;增设第二个民用频率;保证 24 颗卫星星座,另加备用卫星(24+3)(20 世纪 80 年代由于预算赤字,曾减至 18+3);为了军用目的,增设高于 30 dB 的抗干扰性能;增设用户测距误差(user range error,URE)为 2.5 m 的空间在线信号(signal in space,SIS)。

上述 GPS 决策的五大变化将使 GPS 系统更完美。尽管 GPS 系统已日臻完善,但对于军用或民用用户仍有许多不确定因素。

① 美国尽管许诺于 2006 年之前关闭 SA,但 2000 年之后美国每年都将审议一次 SA 政策,即在美国认为适当时候 SA 政策仍可使用。

② 美国现行的"双用途政策"既遭到包括美国在内的全世界民间用户的强烈反对,也得不到美国军方的支持。军方声称,目前的 GPS 政策影响美国的国家安全利益。因此,美国随时都有可能改变 GPS 政策。

③ GPS 信号的结构组成尚不能完全满足精密导航的需要。例如,在高纬度地区经常出现盲区,严重影响导航和定位。在中低纬度地区,每天也有两次盲区,每次盲区历时 20～30 min,盲区时 PDOP(位置精度稀释因子)值远大于 20,给导航和定位带来了很大误差。

④ 美国国防部曾在一份报告中强调,由于广域增强系统损害了 SA 的军事效果,因此建议军方切实将注意力放在"GPS 的利用"方法上,重点是限制敌人在战时利用 GPS 的方法的研究。

综上所述,尽管美国对 GPS 新政策做了不少承诺,但却远远不能消除人们的顾虑。为了战时美国军方的利益,美国政府及美国国防部一定会采取种种措施限制其他国家和地区精确利用 GPS 的导航资源,甚至在必要时局部关闭 GPS 信号。

1.4 其他全球卫星导航系统

1.4.1 全球导航卫星系统

全球导航卫星系统(GLONASS)的起步晚了 GPS 9 年。从苏联于 1982 年 10 月 12 日发射第一个 GLONASS 卫星开始到 1996 年,13 年内历经周折,遭遇了苏联的解体,由俄罗斯接替部署,但始终没有终止或中断 GLONASS 卫星的发射。1995 年年初只有 16 颗 GLONASS 卫星在轨工作,1995 年进行了三次成功发射,将 9 颗卫星送入轨道,完成了 24 颗工作卫星加 1 颗备用卫星的布局。经过数据加载、调整和检验,整个系统已于 1996 年 1 月 18 日正常运行。

GLONASS 在系统组成和工作原理上与 GPS 类似,也是由空间卫星星座、地面控制系统和用户设备三大部分组成。

1. 空间卫星星座

GLONASS 卫星星座的轨道为三个等间隔椭圆轨道，轨道面之间的夹角为 120°，轨道倾角为 64.8°，轨道的偏心率为 0.01，每个轨道上等间隔地分布 8 颗卫星。卫星离地面高度 19 100 km，绕地运行周期约 11 小时 15 分 44 秒，运行重复周期为 8 天，轨道同步周期为 17 圈。由于 GLONASS 卫星的轨道倾角大于 GPS 卫星的轨道倾角，所以在高纬度（50°以上）地区的可视性较好。

每颗 GLONASS 卫星上装有铯原子钟，以产生卫星上高稳定时标，并向所有星载设备的处理提供同步信号。星载计算机将从地面控制站接收到的专用信息进行处理，生成导航电文向用户广播。导航电文包括：星历参数；星钟相对于 GLONASS UTC 时（SU）的偏移值；时间标记；GLONASS 历书。

GLONASS 卫星向空间发射两种载波信号：L1 的频率为 1.602～1.616 MHz，L2 的频率为 1.246～1.256 MHz，L1 为民用，L1 和 L2 供军用。信号格式为伪随机噪声扩频信号，测距码用最长序列码，511 码元素。同步码重复周期为 2 s，30 位，并有 100 周方波振荡的二进制码信息调制。各卫星之间的识别方法采用频分复用制（FDMA），L1 波段间隔 0.562 5 MHz，L2 波段间隔 0.437 5 MHz。FDMA 占用波段较宽，24 个卫星的 L1 波段占约 14 MHz。

2. 地面控制系统

地面控制站组（GCS）包括一个系统控制中心（在莫斯科区的 Clitsyno–2），一个指令跟踪站（CTS），网络分布于俄罗斯境内。CTS 跟踪 GLONASS 可视卫星，遥测所有卫星，进行测距数据的采集和处理，并向各卫星发送控制指令和导航信息。

在 GCS 内有激光测距设备对测距数据作周期修正，为此，所有 GLONASS 卫星上都装有激光反射镜。

3. 用户设备

GLONASS 接收机接收 GLONASS 卫星信号并测量其伪距和速度，接收机中的计算机对所有输入数据进行处理，并算出位置坐标的三个分量、速度矢量的三个分量和时间。

GLONASS 发展较快，运行正常，但生产用户设备的厂家较少，生产的接收机多为专用型。GPS/GLONASS 联合型接收机有很多优点，用户同时可接收的卫星数目增加约一倍，可以明显改善观测卫星的几何分布，提高定位精度（单点定位精度可达 16 m）。由此可见，卫星数目增加，在一些遮挡物较多的城市、森林等地区进行测量定位和建立运动目标的监控管理比较容易开展。

4. 俄罗斯对 GLONASS 的使用政策

早在 1991 年，俄罗斯首先宣称：GLONASS 可供国防、民间使用，不带任何限制，也不计划对用户收费，该系统将在完全布满星座后遵照已公布的性能运行至少 15 年。民用的标准精度通道（CSA）精度数据为：水平精度 50～70 m，垂直精度 75 m，并声明不引入选择可用性政策；测速精度为 15 cm/s，授时精度为 1 μs。俄罗斯空间部队的合作科学信息中心已作为 GLONASS 状态信息的用户接口，正式向用户公布 GLONASS 咨询通告。

1995 年 3 月 7 日，俄罗斯签署了一项法令——有关 GLONASS 面向民用的行动指导。此法令确认了 GLONASS 系统由民间用户使用的早期启用的可能性。

GLONASS 卫星的平均工作寿命超过 4.5 年。1995 年年底，俄罗斯建成了 24 颗卫星加 1 颗备用卫星的 GLONASS 星座。2000 年年初，该系统只有 7 颗卫星保持连续工作。2006 年年底，在轨卫星增加到 17 颗。到 2009 年年底，GLONASS 星座有 24 颗工作卫星，并向全球用户提供服务。

图 1-2 为 GLONASS 卫星星座。

图 1-2　GLONASS 卫星星座

5. GLONASS 系统的现代化计划

为了提高 GLONASS 的定位精度、定位能力及其可靠性，GLONASS 的现代化计划分两步实施。第一步实施的主要内容如下。

① 于 2004 年发射具有更好性能的 GLONASS-M 卫星，设计寿命为 7～8 年。

② 改进地面测控站设施。

③ 民用频率由 1 个增加到 2 个。

④ 位置精度提高到 10～15 m，定时精度提高到 20～30 ms，测速精度提高到 0.01 m/s。

第二步实施的主要内容为：研制进一步提高系统精度和可靠性的第三代 CLONASS-K 卫星，卫星工作寿命在 10 年以上。

1.4.2　伽利略全球卫星导航系统

1. 概述

伽利略（GALILEO）全球卫星导航系统的实施计划分四个阶段。第一个阶段是系统可行性评估阶段（2000—2001 年），其任务是评估系统实施的必要性、可行性及具体实施措施。第二个阶段是系统开发和检测阶段（2001—2005 年），其任务是研制卫星及地面设施，系统在轨验证。这一阶段将建设部分地面控制设施，并发射 2～4 颗卫星进行在轨试验。第三个阶段是建设阶段（2006—2007 年），其任务是制造和发射卫星，建成全部的地面设施。这一阶段发射余下的 26～28 颗卫星并布网，完成整个地面设施的安装和系统联合调试。第四个阶段是运行阶段，计划从 2008 年开始试验，2011 年完成全系统部署并投入使用。

由于种种原因，GALILEO 系统未能按计划实施。在 2010 年 1 月欧盟委员会的一份报告中，重新调整了伽利略系统计划正式运行的时间节点。根据新的时间节点，该计划从启动到实现运营的 4 个发展阶段如下：2002—2005 年为定义阶段，论证计划的必要性、可行性及具体实施措施；2005—2011 年为在轨验证阶段，其任务是成功研制，实施和验证伽利略空间段及地面段设施，进行系统在轨验证；2011—2014 年为全面部署阶段，包括制造和发射正式运行的卫星，建成整个地面基础设施；2014 年之后为开发利用阶段，提供运营服务，按计划更新卫星并进行系统维护等。

目前，GALILEO 系统在轨卫星 12 颗，分别为 4 颗伽利略－在轨验证（GALILEO－IOV）卫星和 8 颗 GALILEO－FOC 卫星。GALILEO 系统尚处于系统部署阶段，不提供定位、导航与授时服务。

2015 年，欧洲航天局（EAS）发布了 3 个 GALILEO 系统文件，标志着 GALILEO 系统信号与服务定义工作持续推进。

鉴于 GALILEO 系统在轨卫星数量不足，2015 年欧洲航天局再次调整 GALILEO 系统的发展计划，系统投入全面运行的时间从 2014 年推迟到 2020 年。

GALILEO 系统建成后，将为欧洲公路、铁路、空中和海洋运输、共同防务及徒步旅行提供定位导航服务。从设计的目标来看，GALILEO 定位精度优于 GPS 最高的精度（比 GPS 高 10 倍）。GALILEO 系统可为地面用户提供 3 种信号，即免费使用的信号、加密且需交费使用的信号和加密且需满足更高要求的信号。免费使用的信号精度可达到 6 m。

GALILEO 系统能与美国的 GPS、俄罗斯的 GLONASS 相互兼容，GALILEO 系统的接收机还可采集各个系统的数据或者通过各个系统数据的组合来实现定位导航的要求。

2. GALILEO 系统的组成

GALILEO 系统主要由空间星座部分、地面监控与服务部分和用户部分组成。此外，GALILEO 系统还提供与外部系统（如 COSPAS－SARSAT 系统）及地区增值服务运营系统的接口。

（1）GALILEO 系统的空间星座部分

GALILEO 系统的卫星星座由分布在三个轨道面上的 30 颗中等高度轨道卫星构成，轨道面高度为 23 616 km，每个轨道面均匀分布 10 颗卫星，其中 1 颗备用，轨道面倾角为 56°，卫星围绕地球运行一周约 14 h。卫星设计寿命为 20 年，重量为 680 kg，功耗为 1.6 kW。每颗卫星上装载氢钟和铷钟各两台，一台启用，其余备用。

GALILEO 系统和 GPS 类似，都是采用被动式导航定位原理和扩频技术发送导航定位信号。GALILEO 系统提供四个载波频率，分别为：E2－L1－E1，1 575.42 MHz；E6，1 278.75 MHz；E5b，1 207.14 MHz（1 196.91～1 207.14 MHz，待定）；E5a，1 176.45 MHz。GALILEO 信号分为公用信号和专用信号（专门为商业服务和对政府事业部门的有控服务设立的，且被加密），采用数据压缩技术进行某些分量的编码，这样不仅可以提高导航卫星的多用性，也可缩短首次导航定位的时间。此外，每一颗 GALILEO 系统卫星还装备一种全球搜救（SAR）信号收发器，接收来自遇险用户的救援信号。可见，GALILEO 系统具有多载波、多服务、多用途等特点，它不仅具有全球导航定位功能，而且还具有全球搜救功能。

（2）GALILEO 系统的地面监控与服务部分

GALILEO 系统的地面监控与服务部分由监测站，遥测、遥控和跟踪站，注入站，控制中心及通信网络组成。

① 30 个监测站（GALILEO sensor station，GSS）。其任务是进行被动式测距并接收卫星信号，以进行定轨、时间同步、完备性监测，并对系统所提供的服务进行监管。

② 5 个分布于全球的遥测、遥控和跟踪站（telemetry，telecommand and ranging，TT&C）。其任务是负责控制 GALILEO 系统卫星和星座。每个站配有 11 m 长的 S 波段碟形天线。

③ 5 个 C 波段的注入站（up－link station，ULS）。其任务是在 C 波段上行注入导航、完

备性、SAR 和其他与导航相关的信号。注入站的功能是：每 100 min 注入更新的导航数据；向一个子卫星群注入实时分发的完备性数据。

④ 2 个 GALILEO 控制中心（GALILEO control center，GCC）。其任务是负责卫星星座控制、卫星原子钟同步、所有内部和外部数据完好性信号处理、分发。

⑤ 1 个互联的高性能通信网络。

（3）GALILEO 系统的用户部分

GALILEO 系统的用户设备分为四种：一是仅能接收 GALILEO 信号的导航定位接收机；二是可同时接收 GALILEO 系统、GPS、GLONASS 信号的组合导航定位接收机；三是 GALILEO 系统授时机；四是 GALILEO 系统 SAR 信号收发器。

3. GALILEO 系统的服务

GALILEO 系统的服务分两种方式：一是作为单独系统运行，有四种服务，即公开服务、商业服务、公共管制服务、生命安全服务；二是与其他系统组合，提供全球导航与局部通信系统服务，提供局部搜索与救援服务；与 GPS 和 GLONASS 组合，提供全球导航与定位服务。

1.4.3 北斗卫星导航系统

1. 概述

早在 20 世纪 60 年代末，我国就开展了卫星导航系统的研制工作。20 世纪 70 年代，我国开始研究卫星导航系统的技术和方案，但之后这项名为"灯塔"的研究计划被取消。自 20 世纪 70 年代后期以来，我国开展了探讨适合国情的卫星导航系统的体制研究，先后提出过单星、双星、三星和 3～5 星的区域性系统方案，以及多星的全球系统的设想，并考虑到导航定位与通信等综合运用问题，但是由于种种原因，这些方案和设想都没有实现。我国的北斗卫星导航系统（"北斗一号"）是 20 世纪 80 年代提出的"双星快速定位系统"的发展计划。方案于 1983 年提出，2000 年 10 月 31 日和 12 月 21 日两颗试验的导航卫星成功发射，标志着我国已建立起第一代独立自主导航定位系统。2003 年 5 月 25 日，第三颗北斗卫星发射成功，一个完整的卫星导航系统完全建成，可确保全天候实时提供卫星导航定位服务。北斗卫星导航系统的突出特点是：系统的空间卫星数目少、用户终端设备简单（一切复杂性均集中于地面中心处理站）。"北斗一号"卫星导航系统覆盖的范围为东经 70°～140°、北纬 5°～55°。北斗卫星导航系统的三维定位精度约±20 m，授时精度约 100 ns，工作频率为 2 491.75 MHz，系统能容纳的用户数为每小时 540 000 户。

2. 北斗卫星导航系统的组成

北斗卫星导航系统包括空间部分、地面控制部分和用户接收部分。

空间部分由 3 颗静止轨道卫星组成，两颗工作卫星定位于东经 80°和 140°赤道上空，另有一颗位于东经 110.5°的备份卫星，可在某工作卫星失效时予以接替。其覆盖范围是北纬 5°～55°、东经 70°～140°之间的心脏地区，上大下小，最宽处在北纬 35°左右。

地面控制部分由中心控制系统和标校系统组成。中心控制系统主要用于卫星轨道的确定、电离层校正、用户位置确定、用户短报文信息交换等。标校系统可提供距离观测量和校正参数。

用户接收部分即北斗导航定位接收机。目前北斗用户机分为四类：第一类是基本型，适合于一般导航定位，可接收和发送定位及通信信息，与中心站及其他用户终端双向通信；第二类是通信型，适合于野外作业、水文测报、环境监测等各类数据采集和数据传输用户，可接收和发送短信息、报文，与中心站和其他用户终端进行双向或单向通信；第三类是授时型，适合于授时、校时、时间同步等用户，可提供数十纳秒级的时间同步精度；第四类是指挥型，适合于小型指挥中心指挥调度、监控管理等应用，具有鉴别、指挥下属其他北斗用户机的功能，可与下属北斗用户机及中心站通信，接收下属用户的报文，并向下属用户发播指令。

3. 北斗卫星导航系统的定位原理

北斗卫星导航系统的定位原理是：利用两颗地球同步卫星进行双向测距，配合数字高程地图完成三维定位。导航定位有两种方式：一是由用户向中心站发出请求，中心站对其进行定位后将位置信息广播出去，由该用户接收获取；二是由中心站主动进行指定用户的定位，定位后不将位置信息发送给用户，而由中心站保存。北斗卫星导航系统的定位原理如图1-3所示。

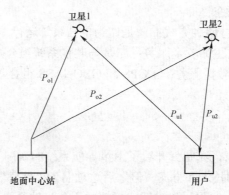

图1-3 北斗卫星导航系统的定位原理

地面中心站通过向卫星1和卫星2同时发送询问信号，经卫星转发器向服务区内的用户广播。有导航定位要求的用户接收机向两颗卫星发送响应信号，经卫星转发回地面中心站。地面中心站接收并解调用户发来的信号，然后根据用户的申请服务内容进行相应的数据处理，再由中心站将最终计算出的用户所在点的三维坐标经加密通过卫星发送给用户，完成导航定位。

设询问信号由地面中心站到卫星1，由卫星1到用户，再由用户返回至卫星1并回到地面中心站的时间为A_{t1}，可列出式（1-1）；询问信号由地面中心站到卫星2，由卫星2到用户，再由用户返回至卫星2并回到地面中心站的时间为A_{t2}，可列出式（1-2）。

$$P_{o1} + P_{u1} = A_{t1} \times c / 2 \qquad (1-1)$$

$$P_{o2} + P_{u2} = A_{t2} \times c / 2 \qquad (1-2)$$

由于地面中心站和两颗卫星的位置均是已知的，因此式（1-1）式（1-2）中的P_{o1}、P_{o2}、A_{t1}、A_{t2}由中心站测出，c是光速，所以P_{u1}、P_{u2}可算出。P_{u1}、P_{u2}又可写成以下方程。

$$P_{u1} = (X_{s1} - X)^2 + (Y_{s1} - Y)^2 + (Z_{s1} - Z)^2 \qquad (1-3)$$

$$P_{u2} = (X_{s2} - X)^2 + (Y_{s2} - Y)^2 + (Z_{s2} - Z)^2 \qquad (1-4)$$

式（1-3）、式（1-4）中，卫星1、卫星2的三维坐标已知，Z通过存储在地面中心站内的数字化地形图查到，故可算出用户所在点的三维坐标。

4. 北斗卫星导航系统的优缺点

北斗卫星导航系统的优点是：卫星数量少，投资小，用户设备简单、价廉，能实现定区域的导航定位；卫星还具备短信通信功能，可满足当前我国陆、海、空运输导航定位的需求。它不仅能使用户测定自己的点位坐标，而且还可以告诉别人自己处在什么点位，特别适用于导航与移动数据通信场所，如交通运输中的管理、指挥、调度，防灾救灾中的搜索、营救、抢险等。北斗导航定位系统是我国独立自主建立的卫星导航系统，它的研制成功标志着我国打破了美、俄在此领域的垄断地位，解决了我国自主卫星导航系统的空缺问题。

北斗卫星导航系统的缺点是：不能覆盖两极地区，赤道附近定位精度差，只能二维主动式定位，且需提供用户高程数据，不能满足高动态和保密的军事用户要求，用户数量受到一定限制。

鉴于北斗卫星导航系统（北斗一号）的性能和技术指标方面的差距，我国已于2012年建成北斗卫星导航区域系统（北斗二号），计划在2020年左右全面建成北斗卫星导航系统，形成全球服务能力。

5. 北斗卫星导航系统的应用

自从北斗卫星导航系统正式提供服务以来，我国卫星导航应用在理论研究、应用技术研发、接收机制造及应用与服务等方面都取得了长足进步。随着北斗系统建设和导航定位服务能力的发展，北斗及其与其他卫星导航系统的多模芯片、天线、板卡等关键技术已取得突破，掌握了自主知识产权，实现了产品化，在交通运输、海洋渔业、水文监测、气象测报、森林防火、通信系统、电力调度、救火减灾和国家安全等诸多领域得到了广泛应用，产生了显著的社会效益和经济效益。特别是在南方冰冻灾害、四川汶川地震和青海玉树地震、北京奥运会及上海世博会中发挥了重要作用。

① 在交通运输方面，北斗卫星导航系统广泛应用于重点运输过程监控管理、公路基础设施安全监控、港口高精度定位调度监控等领域。

② 在海洋渔业方面，基于北斗卫星导航系统的海洋渔业综合信息服务平台，为渔业管理部门提供船位监控、紧急救援、信息发布、渔船出入港管理等服务。

③ 在水文监测方面，成功应用于多山地域水文测报信息的实时传输，提高了灾情预报的准确性，为制订防洪抗旱调度方案提供了重要的保障。

④ 在气象测报方面，成功研制了一系列气象测报型北斗终端设备，启动了大气海洋和空间监测预警示范应用，形成了实用可行的系统应用解决方案，实现了气象站之间数字报文的自动传输。

⑤ 在森林防火方面，北斗卫星导航系统的定位与短报文通信功能在实际应用中发挥了较大作用。

⑥ 在通信系统方面，成功开展北斗卫星导航系统的双向授时应用示范，突破光纤拉远等关键技术，研制出了一体化卫星授时系统。

⑦ 在电力调度方面，成功开展基于北斗卫星导航系统的电力时间同步应用示范，为电力事故分析、电力预警系统、电力保护系统等高精度应用创造了条件。

⑧ 在救灾减灾方面，基于北斗卫星导航系统的导航定位、短报文通信及位置报告功能，提供全国范围的实时救灾指挥调度、应急通信、灾情信息快速上报与共享等服务，显著提高了灾害应急救援的快速反应能力和决策能力。

北斗卫星导航系统建成后，将为民航、航运、铁路、金融、邮政、国土资源、农业、旅游等行业提供更高性能的定位、导航、授时和短报文通信服务。

复习题

1. 什么是 GPS（全球定位系统）？
2. GPS 应用于导航定位的特点是什么？
3. 相对于经典的测量学，GPS 测量有哪些优点？
4. GPS 卫星信号人为干涉的主要内容是什么？
5. 简述除 GPS 外其他的导航系统。

第 2 章　GPS 的组成及其信号

本章导读

　　本章主要介绍了 GPS 的组成，GPS 卫星及其功能，GPS 卫星信号的基本构成，GPS 伪随机噪声码、测距码及卫星信号的调节，GPS 接收机及其分类，GPS 接收机天线及 GPS 接收机工作的基本原理。

　　全球定位系统（GPS）是一项技术复杂的系统工程，整个系统包括三大部分：空间星座部分、地面监控部分、用户接收设备部分。各部分有各自独立的功能和作用，同时又相互配合形成一个有机的系统。GPS 属于无线电导航定位系统，用户只需通过接收设备接收卫星播发的信号，就能测定卫星信号的传播时间延迟或相位延迟，解算站星间距离，确定测站位置。

2.1　GPS 的组成

　　GPS 包括三大部分：空间星座部分、地面监控部分、用户接收设备部分。下面分别介绍它们的组成概况、作用和工作情况。

2.1.1　空间星座部分

1. GPS 卫星星座的构成与现状

　　全球定位系统的空间卫星星座部分由 24 颗卫星组成，其中包括 3 颗备用卫星。工作卫星分布在 6 个轨道面内，每个轨道面上分布有 4 颗卫星。卫星轨道面相对地球赤道面的倾角为 55°，各轨道平面升交点的赤经相差 60°，在相邻轨道上卫星的升交角距相差 30°。轨道平均高度约为 20 200 km，卫星运行周期为 11 小时 58 分。因此，同一观测站上每天出现的卫星分布图形相同，只是每天提前约 4 分钟。每颗卫星每天约有 5 个小时在地平线以上，同时位于地平线以上的卫星数目随时间和地点而异，最少为 4 颗，最多可达 11 颗。

　　全球定位系统于 1994 年建成，其工作卫星在空间的分布情况如图 2－1 所示。

　　GPS 卫星在空间的上述配置，保障了在地球上任何地点、任何时刻均至少可以同时观测到 4 颗卫星，加之卫星信号的传播和接收不受天气的影响，因此 GPS 是一种全球性、全天候的连续实时定位系统。不过也应指出，GPS 卫星的上述分布，在个别地区仍可能在某一短时间内（例如数分钟）只能观测到 4 颗图形结构较差的卫星，从而无法达到必要的定位精度。

　　空间部分的 3 颗备用卫星，将在必要时根据指令代替发生故障的卫星，这对于保障 GPS 空间部分正常而高效地工作是极其重要的。

　　GPS 的每颗卫星按下列方式进行编号。

　　① 顺序编号。按照 GPS 卫星的发射时间先后顺序给卫星编号。

　　② PRN 编号。根据 GPS 卫星所采用的伪随机噪声码（PRN 码）的不同编号。

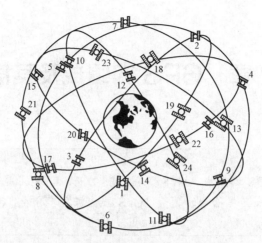

图 2-1 （21+3）GPS 卫星在空间的分布情况

③ IRON 编号（IRON 为 inter-range operation number 的缩写，意即内部距离操作码）。IRON 编号是由美国和加拿大组成的北美空军指挥部给定的一种随机号，以此识别他们所选择的目标。

④ NASA 编号。这是美国航空航天局（NASA）在其序列文件中给 GPS 卫星的编号。

⑤ 国际识别编号。它的第一部分表示该颗卫星的发射年代，第二部分表示该颗卫星的序列号，字母 A 表示发射的有效负荷。

在导航定位测量中，一般采用 PRN 编号。对于广大用户而言，若需查询哪颗卫星的有关数据，必须提供该卫星的识别号。

自 1978 年 2 月 22 日第一颗 GPS 试验卫星（BLOCK Ⅰ）入轨运行开始，到 1985 年 10 月 9 日最后一颗 GPS 试验卫星入轨运行为止，共发射了 11 颗 BLOCK Ⅰ 型卫星。其中，第 7 颗 BLOCK Ⅰ 型卫星发射失败，未能入轨，第 1、2、5 颗 BLOCK Ⅰ 型卫星虽入轨运行，但不能服务于导航定位测量，仅有 7 颗 GPS 试验卫星能够正常工作。截至 1992 年 11 月 1 日，只有 4 颗 GPS 试验卫星能继续正常工作，而有 3 颗试验卫星（PRN6、PRN8 和 PRN9）已经不能反射正常的 GPS 信号了。

自 1989 年 2 月 14 日第一颗 GPS 工作卫星入轨运行以来，截至 1992 年 10 月 31 日，共发射了 15 颗 GPS 工作卫星。BLOCK Ⅱ 和 BLOCK ⅡA 都是第二代 GPS 卫星，两者的主要差别仅在于 BLOCK ⅡA 型卫星不仅增强了军用功能，而且大大扩展了数据存储容量。BLOCK Ⅱ 型卫星只能存储供 14 天用的导航电文（每天更新三次），而 BLOCK ⅡA 型卫星能够存储供 180 天用的导航电文，以确保在特殊情况下使用 GPS 卫星。

根据修改的 GPS 工作卫星发射计划，1992 财政年度发射第 18 颗 GPS 工作卫星，1993 财政年度发射第 24 颗 GPS 工作卫星，从而建成由 21 颗工作卫星和 3 颗在轨备用卫星组成的 GPS 卫星工作星座，记作（21+3）GPS 星座。

目前在天空中运行的 GPS 卫星大部分都是 Ⅱ 型卫星中的第一代，即 Ⅱ 和 ⅡA 型卫星。从 1997 年开始，发射了 Ⅱ 型第二代卫星中的第一颗 ⅡR 型卫星。今后 ⅡR 型卫星将逐渐取代现有的 Ⅱ 和 ⅡA 型卫星。相对于 Ⅱ 和 ⅡA 型卫星而言，ⅡR 型卫星备有频率稳定性能要高一个量级的新的铷原子钟；所收到的 L1、L2 信号的功率比以前的要大；能够发送和接收其他 GPS 卫星的导航数据，以形成 GPS 卫星间互相定位的能力，这将减少 GPS 卫星数据传输的时延。图 2-2 是 GPS 卫星的构造示意图。

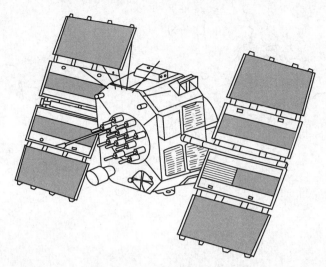

图 2-2　GPS 卫星构造示意图

2. GPS 卫星及其功能

GPS 卫星的主体呈圆柱形，直径约为 1.5 m，重约 774 kg（包括 310 kg 燃料），两侧设有两块双叶太阳能板，能自动对太阳定向，以保证卫星正常工作的用电。

每颗卫星装有 4 台高精度原子钟（2 台铷钟和 2 台铯钟），这是卫星的核心设备。用其发射标准频率，为 GPS 测量提供高精度的时间标准。

GPS 卫星的基本功能如下。

① 接收和储存由地面监控站发来的导航信息，接收并执行监控站的控制指令。

② 卫星上设有微处理机，进行部分必要的数据处理工作。

③ 通过星载的高精度铯钟和铷钟，提供精密的时间标准。

④ 向用户发送导航与定位信息。

⑤ 在地面监控站的指令下，通过推进器调整卫星的姿态和启用备用卫星。

2.1.2　地面监控部分

GPS 的地面监控部分目前主要由分布在全球的 5 个地面站组成，其中包括卫星监测站、主控站和信息注入站。

1. 卫星监测站

现有 5 个地面站（见图 2-3）均具有监测站的功能。监测站是在主控站直接控制下的数据自动采集中心，站内设有双频 GPS 接收机、高精度原子钟、计算机和若干台环境数据传感器。接收机对 GPS 卫星进行连续观测，采集数据和监测卫星的工作状况。原子钟提供时间标准，而环境数据传感器收集有关当地的气象数据。所有观测资料由计算机进行初步处理并传送到主控站，用以确定卫星的精密轨道。

2. 主控站

主控站设在科罗拉多。主控站除协调和管理所有地面监控系统的工作外，其主要任务如下。

① 根据本站和其他监测站的所有观测资料推算编制各卫星的星历、卫星钟差和大气层的修正参数等，并把这些数据传送到注入站。

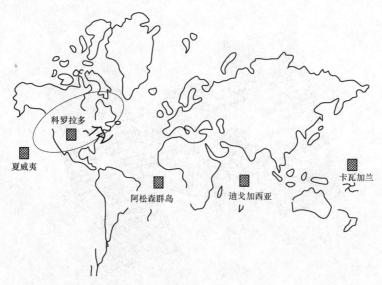

图 2-3　GPS 地面监控站的分布

② 提供全球定位系统的时间基准。各监测站和 GPS 卫星的原子钟均应与主控站的原子钟同步或测出它们之间的钟差，并把这些钟差信息编入导航电文送到信息注入站。

③ 调整偏离轨道的卫星，使之沿预定的轨道运行。

④ 启用备用卫星以代替失效的工作卫星。

3. 信息注入站

信息注入站现有 3 个，分别设在印度洋的迪戈加西亚、南大西洋的阿松森群岛和南太平洋的卡瓦加兰。信息注入站的主要设备包括一台直径为 3.6 m 的天线、一台 C 波段发射机和一台计算机。其主要任务是在主控站的控制下，将主控站推算和编制的导航电文和其他控制指令等注入相应卫星的存储系统，并监测注入信息的正确性。

整个 GPS 的地面监控部分，除主控站外均无人值守，各站间用通信系统联系起来，在原子钟的计算机的驱动控制下，实现高度的自动化和标准化。

2.1.3　用户接收设备部分

用户接收设备部分的基本设备就是 GPS 信号接收机，其作用是接收、跟踪、变换和测量 GPS 卫星所发射的 GPS 信号，以达到导航和定位的目的。

GPS 信号接收机，按用途的不同，可分为导航型、测地型和守时型三种；按携带形式的不同可分为袖珍式、背负式、车载式、舰用式、空（飞机）载式、弹载式和星载式七种；按工作原理的不同，可分为有码接收机和无码接收机，前者动态定位和静态定位都能用，后者只能用于静态定位；按使用载波频率的不同，可分为单频接收机（用一个载波频率 L1）和双频接收机 [用两个载波频率（L1，L2）]。双频接收机是精密定位的主要用机。

2.2　GPS 信号

2.2.1　GPS 卫星信号的基本构成及表述

GPS 卫星信号包含三种信号分量，即载波、测距码和数据码，而所有这些信号分量是在

同一个基本频率 f_0=10.23 MHz 的控制下产生的（见图 2－4）。

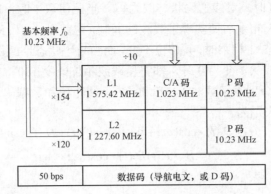

图 2－4　卫星信号示意图

GPS 卫星取 L 波段的两种不同频率的电磁波为载波，即

① L1 载波，其频率 f_{L1}=154×f_0=1 575.42 MHz，波长 λ_1=19.03 cm。

② L2 载波，其频率 f_{L2}=120×f_0=1 227.6 MHz，波长 λ_2=24.42 cm。

在载波 L1 上调制有 C/A 码、P 码（或 Y 码）和数据码，而在载波 L2 上只调制有 P 码（或 Y 码）和数据码。数据码也称为导航电文或 D 码；C/A 码、P 码（或 Y 码）称为测距码。

如前所述，在无线电通信技术中，为了有效地传播信息，一般均将频率较低的信号加载到频率较高的载波上，而这时频率较低的信号称为调制信号。

D 码的码率 f_d=50 Hz。对于距离地面两万余公里且电能紧张的 GPS 卫星，怎样才能有效地将很低码率的导航电文发送给用户呢？这是关系到 GPS 系统成功的大问题。一种有效的发送方法是：用很低码率的数据码作二级调制（扩频）。第一级，用 50 Hz 的 D 码调制一个伪噪声码，如调制一个被叫做 P 码的伪噪声码，后者的码率高达 10.23 MHz。D 码调制 P 码的结果是形成一个组合码，致使 D 码信号的波段宽度从 50 Hz 扩展到 10.23 MHz，也就是说，GPS 卫星原拟发送 50 bit/s 的 D 码，转变为发送 10.23 Mbit/s 的组合码 $P(t)D(t)$。

也可以用增大系统带宽的方法降低所要求的信噪比，或者说，用很小的发射功率，便可实现遥远的卫星通信。这对于电能紧张的 GPS 卫星是极为有益的。信号深埋在噪声之中，不易被他人捕获，因而具有极好的保密性。

GPS 卫星采用伪噪声码传递导航电文的目的是：节省卫星的电能，增强 GPS 信号抗干扰性，实现保密的信息传送。

在 D 码调制伪噪声码以后，再用它们的组合码去调制 L 波段的载波，实现 D 码的第二级调制，从而形成向用户发送的已调波，如图 2－5 所示。

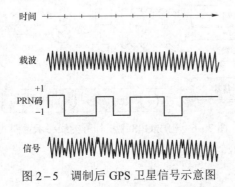

图 2－5　调制后 GPS 卫星信号示意图

GPS 卫星的测距码和数据码的组合码是采用调相技术调制到载波上的，且调制码的幅值只取 0 或 1。当码值取 0 时，对应的码状态取为+1；当码值取 1 时，对应的码状态取为−1，那么载波和相应的码状态相乘后便实现了载波的调制，也就是说，码信号被加到载波上去了。

这时当载波与码状态+1 相乘时，其相位不变，而当与码状态−1 相乘时其相位改变 180°。所以当码值从 0 变为 1 或从 1 变为 0 时，都将使载波相位改变 180°。

若以 $S_{L1}(t)$ 和 $S_{L2}(t)$ 分别表示载波 L1 和和 L2 经测距码和数据码调制后的信号，则 GPS 卫星发射的信号可分别表示为

$$S_{L1}(t) = A_p P_i(t) \cdot D_i(t) \cdot \cos(\omega_1 t + \phi_1) + A_c \cdot C_i(t) \cdot D_i(t) \cdot \sin(\omega_1 t + \phi_1)$$

$$S_{L2}(t) = B_p \cdot P_i(t) D_i(t) \cdot \cos(\omega_2 t + \phi_2)$$

式中：A_p——在 L1 上 P 码振幅；

$P_i(t)$——±1 状态时的 P 码；

$D_i(t)$——±1 状态时的数据码；

A_c——在 L1 上 C/A 码振幅；

$C_i(t)$——±1 状态时的 C/A 码；

B_p——在 L2 上 P 码振幅；

ω_1——载波 L1 的角载率；

ω_2——载波 L2 的角频率；

i——卫星编号。

构成 GPS 卫星信号的线路如图 2−6 所示。由图 2−6 可以看出，卫星发射的所有信号分量都是根据同一基本频率 f_0（A 点）产生的，其中包括载波 L1（B 点）、L2（C 点），调制在载波上的调相信号 C/A 码（D 点）、P 码（F 点）和数据码（G 点）。这些信号分量不仅与基准频率 f_0 有一定的比例关系，而且相互之间也存在比例关系，其值如表 2−1 所示，这对卫星发送信号和用户接收 GPS 信号都是很有益处的。

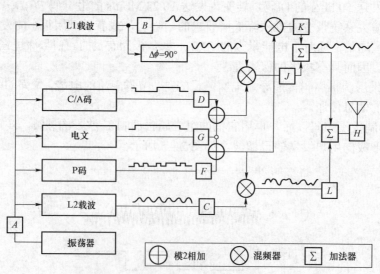

图 2−6 构成 GPS 卫星信号的线路示意图

表 2 – 1　GPS 信号的频率关系

相关性　　名称 内容	基频（F）	载频（f_{L1}）	载频（f_{L2}）
基准频率（F）	10.23 MHz	154 F	120 F
C/A 码的码率（f_g）	F/10	f_{L1}/1 540	f_{L2}/1 200
P 码的码率（f_p）	F	f_{L1}/154	f_{L2}/120
D 码的码率（f_d）	F/204 600	f_{L1}/31 508 400	f_{L2}/24 552 000

图 2 – 6 是在正常情况下的 GPS 卫星信号形成的线路示意图。同时，它不仅图示了调制波和载波的波形，而且表明了已调波相位跃变的特征，这是伪噪声码调制连续波的特点。那么，什么是伪噪声码？它具有什么样的特性？怎样使用伪噪声码？这些都是了解和应用 GPS 信号的重要问题，也是学习导航定位原理的基础。

2.2.2　伪随机噪声码

1. 码的基本概念

在现代数字化通信中，广泛使用二进制数（即"0"和"1"）及其组合来表示各种信息。这些表达不同信息的二进制数及其组合便称为码。在二进制中，一位二进制数叫做一个码元或一比特。比特意为二进制数，是码的度量单位。如果将各种信息，如声音、图像和文字等通过量化，并按某种预定的规则表示为二进制数的组合形式，这一过程就称为编码。

例如，若地面控制网分为四个等级，则用二进制数表示时，可取两位二进制数的不同组合：11，10，01，00，依次代表控制网的一、二、三、四等。这些组合形式称为码，每个码均含有两个二进制数，即两码元或两比特。

比特还是信息量的度量单位。例如当某一控制网的等级确知后，便称为获得二比特信息。一般来说，如果有 2^r 个预先不确切知道但出现概率相等的可能情况，当确知其中的某一情况后，便称为得到 r 比特信息量。

2. 随机噪声码

由此可知，码是用来表达某种信息的二进制数的组合，是一个二进制的数码序列，而这一序列又可以表达成以 0 或 1 为幅度的时间的函数，如图 2 – 7 所示。

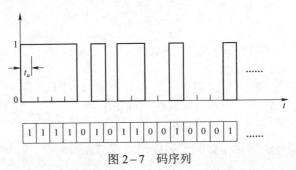

图 2 – 7　码序列

假设一组码序列 $u(t)$，对某一时刻来说，码元是 0 或 1 完全是随机的，但其出现的概率均为 1/2。这种码元幅度的取值完全无规律的码序列，通常称为随机码序列，也叫做随机噪声码序列。它是一种非周期序列，无法复制。随机码的特性是其自相关性好，而自相关性的好坏对于提高利用 GPS 卫星信号测距的精度是极其重要的。

为了说明随机码的自相关性，现将随机序列 $u(t)$ 平移 k 个码元，由此便得到一个新的随机序列，设为 $\tilde{u}(t)$。如果两个随机序列 $u(t)$ 和 $\tilde{u}(t)$ 所对应的码元中，相同的码元数（同为 0 或 1）为 A_u，相异的码元数为 B_u，则随机序列 $u(t)$ 的自相关系数 $R(t)$ 定义为

$$R(t) = \frac{A_u - B_u}{A_u + B_u}$$

很明显，当平移的码元数 $k=0$ 时，说明两个结构相同的随机序列其相应的码元均相互对齐，即 $B_u=0$，则自相关系数 $R(t)=1$；而当 $k\neq0$ 时，由于码序列的随机性，所以当序列中的码元数充分大时，便有 $B_u \approx A_u$，则自相关系数 $R(t) \approx 0$。于是根据码序列自相关系数的值，便可以判断两个随机码序列的相应码元是否已经相互对齐。

假设 GPS 卫星发射的是一个随机码序列 $u(t)$，而 GPS 接收机若能同时复制出结构与之相同的随机码序列 $\tilde{u}(t)$，则这时由于信号传播时间延迟的影响，被接收的 $u(t)$ 与 $\tilde{u}(t)$ 之间已产生平移，即其相应码元已错开，如果通过一个时间延迟器来调整 $\tilde{u}(t)$，使之与 $u(t)$ 的码元相互完全对齐，那么就可以从 GPS 接收机的时间延迟器中测出卫星信号到达用户接收机的准确传播时间，从而便可准确地确定由卫星至观测站的距离。所以随机码序列的良好自相关特性，对于利用 GPS 卫星的测距码进行精密测距是非常重要的。

3. 伪随机噪声码及其产生

虽然随机码具有良好的自相关特性，但由于它是一种非周期性的序列，不服从任何规则，所以实际上无法复制和利用。因此，为了实际的应用，GPS 采用一种伪随机噪声码。这种码序列的主要特点是：不仅具有类似随机码的良好自相关特性，而且具有某种确定的编码规则；它是周期性的，可以很容易地复制。

图 2-8 表示一种极简单的伪噪声码，它具有两种表述形式：信号波形和信号序列。信号序列称为二进符号序列，记作 $\{x\}$，信号波形叫做二进信号波形，以 $x(t)$ 表示。根据所研究的问题不同，选用不同形式来表述伪噪声码。

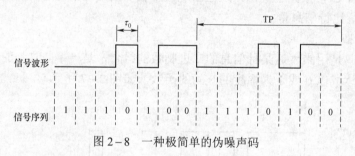

图 2-8 一种极简单的伪噪声码

当二进符号序列作模二和（以 $\oplus$ 表示）时，遵循下列规则。

$$1 \oplus 1 = 0; \quad 1 \oplus 0 = 1$$
$$0 \oplus 0 = 0; \quad 0 \oplus 1 = 1$$

当二进信号波形进行相乘时，按照下列规则。

$$(-1) \times (-1) = 1; (-1) \times 1 = -1$$
$$1 \times 1 = 1; \quad 1 \times (-1) = -1$$

上述两种运算方法是等效的，记作

$$\{x\} \oplus \{y\} \sim x(t) \cdot y(t)$$

此处 $\{x\}$ 和 $\{y\}$ 分别表示两个序列，$x(t)$ 和 $y(t)$ 则为两个序列相应的波形。

GPS 卫星所用的伪噪声码是一种 m 序列，它产生于最长线性移位寄存器（亦叫做抽头式反馈移位寄存器）。

伪随机码既具有与随机码类似的良好自相关性，又是一种结构确定、可以复制的周期性序列。这样，用户接收机便可以很容易地复制卫星所发射的伪随机码，以使通过接收码与复制码的比较来准确地测定其间的时间延迟。

应当指出的是，在由 r 级反馈移位寄存器所产生的周期性 m 序列中，有时可以截取其中的一部分组成一个新的周期性序列加以利用，这种新的周期较短的序列叫做截短序列或截短码。而相反，实际上有时要多个周期较短的 m 序列按预定的规则构成一个周期较长的序列，这种序列称为复合序列或复合码。

综上所述，GPS 卫星采用伪噪声码所起的作用是：传送导航电文；测距信号；识别不同卫星。

2.2.3 GPS 的测距码

GPS 卫星所采用的两种测距码，即 C/A 码和 P 码（或 Y 码），均属于伪随机码。

1. C/A 码

C/A 码（见图 2－9）是由两个 10 级反馈移位寄存器相组合产生的。两个移位寄存器于每个星期日零时，在置"1"脉冲作用下全处于 1 状态，同时在频率为 $f_1 = f_0/10 = 1.023$ MHz 时钟脉冲驱动下，两个移位寄存器分别产生码长为 $N_u = 2^{10} - 1 = 1\,023$ bit，周期为 $N_u t_u = 1$ ms 的 m 序列 $G_1(t)$ 和 $G_2(t)$。这时 $G_2(t)$ 序列的输出不是在该移位寄存器的最后一个存储单元，而选择其中两个存储单元进行二进制相加后输出，由此得到一个与 $G_2(t)$ 平移等价的 m 序列 G_2。再将其与 $G_1(t)$ 进行模二相加，便得到 C/A 码。由于 $G_2(t)$ 可能有 1 023 种平移序列，所以其分别与 $G_1(t)$ 相加后，可能产生 1 023 种不同结构的 C/A 码，这些相异的 C/A 码，其码长、周期和数码率均相同，即有

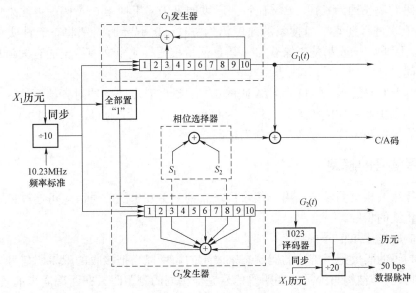

图 2－9　C/A 码构成示意图

码长 N_u=1 023 bit

码元宽 t_u=1/f_1≈0.977 52 μs（相应距离为 293.1 m）

周期 T_u=$N_u t_u$=1 ms

数码率=1.023 Mbps

这样能使不同的 GPS 卫星采用结构相异的 C/A 码，以此区别不同的卫星及其信号，称为码分多址。

C/A 码的码长很短，易于捕获。在 GPS 导航和定位中，为了捕获 C/A 码以测定卫星信号传播的时延，通常需要对 C/A 码逐个进行搜索。因为 C/A 码总共只有 1 023 个码元，所以若以每秒 50 码元的速度搜索，只需约 20.5 s 便可达到目的。

由于 C/A 码易于捕获，而且通过捕获的 C/A 码所提供的信息又可以方便地捕获 GPS 的 P 码，所以通常 C/A 码也称为捕获码。

C/A 码的码元宽度较大。假设两个序列的码元对齐误差为码元宽度的 1/100～1/10，则这时相应的测距误差可达 2.9～29.3 m。由于其精度较低，所以 C/A 码也称为粗码。

2. P 码

GPS 卫星发射的 P 码，其产生的基本原理与 C/A 码相似，但其发生电路是由两个 12 级反馈移位寄存器所构成的，情况更为复杂，而且线路设计的细节目前也是保密的。通过精心设计，P 码的特征如下。

码长 N_u≈2.35×10^{14} bit

码元宽 t_u=0.097 752 μs（相应距离为 29.3 m）

周期 T_u=$N_u t_u$≈267 天

数码率=10.23 Mbps

P 码周期如此之长，以至于约 267 天才重复一次。因此，实际上 P 码周期被分为 38 个部分（每一部分周期为 7 天，码长约 6.19×10^{12} 比特），这样每颗卫星所使用的 P 码不同部分，便都具有相同的码长和周期，但结构不同。

因为 P 码的码长约为 6.19×10^{12} 比特，所以如果仍采用搜索 C/A 码的办法来捕获 P 码，即逐个码元依次进行搜索，当搜索的速度仍为每秒 50 码元时，那将是无法实现的（约需 14×10^5 天）。因此，一般都是先捕获 C/A 码，然后根据导航电文中给出的有关信息，便可容易地捕获 P 码。

另外，由于 P 码的码元宽度为 C/A 码的 1/10，这时若取码元的对齐精度仍为码元宽度的 1/100～1/10，则由此引起的相应距离误差为 0.29～2.93 m，仅为 C/A 码的 1/10。所以 P 码可用于较精密的导航和定位，故通常也称为精码。

2.2.4 卫星信号的解调

为了进行载波相位测量，当用户接收机接收到卫星发出的信号后，可通过以下两种解调技术来恢复载波的相位。

（1）复制码与卫星信号相乘

由于调制码的码值是用 ±1 的码状态来表示的，所以当把接收的卫星码信号与用户接收机产生的复制码（即结构与卫星的测距码信号完全相同的测距码），在两码同步的条件下相乘，即可去掉卫星信号中的测距码而恢复原来的载波。不过这时恢复的载波尚含有数据码，即导航电文。

（2）平方解调技术

将接收的卫星信号进行平方，由于处于±1 的调制码经平方后均为+1，而+1 对载波相位不产生影响，所以卫星信号经平方后便可达到解调的目的。采用这种方法可不必知道调制码的结构，但是平方解调技术不仅去掉了其中的测距码，导航电文也同时被去掉了。

2.3　GPS 接收机

在接收设备中，接收机是用户利用 GPS 进行导航和定位的主要设备。

2.3.1　GPS 接收机及其分类

1. GPS 接收机的基本结构

GPS 用户设备主要包括 GPS 接收机及其天线、微处理机及其终端设备、电源等。其中接收机和天线是用户设备的核心部分，习惯上称为 GPS 接收机。它的主要功能是接收 GPS 卫星发射的信号并进行处理和量测，以获取导航电文及必要的观测量。

GPS 接收机的结构大致如图 2－10 所示，其主要组成部分包括：天线（带前置放大器）；信号处理器，用于信号识别和处理；微处理器，用于接收机的控制、数据采集和导航计算；用户信息传输，包括操作板、显示板和数据存储器；精密振荡器，用以产生标准频率；电源。

如果把 GPS 接收机作为一个用户测量系统，那么按其构成部分的性质和功能可分为：硬件部分和软件部分。硬件部分主要是指上述接收机、天线和电源等硬件设备，而软件部分则是支持接收机硬件实现其功能并完成各种导航与定位任务的重要条件。一般来说，软件包括内软件和外软件。所谓内软件，是指诸如控制接收机信号通道，按时序对各卫星信号进行量测的软件及内存或固化在中央处理器中的自动操作程序等。这类软件已和接收机融为一体。而外软件主要是指观测数据后处理数据的软件系统，这种软件一般以磁盘方式提供。如无特别说明，通常所说的接收设备的软件均指这种后处理软件系统。

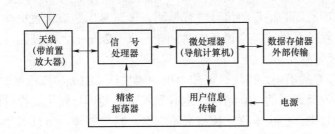

图 2－10　GPS 接收机结构示意图

软件部分是构成现代 GPS 测量系统的重要组成部分。一个功能齐全、品质良好的软件不仅能方便用户使用，满足用户的多方面要求，而且对于改善定位精度、提高作业效率和开拓新的应用领域都具有重要意义。所以，软件的质量与功能已成为反映现代 GPS 测量系统先进水平的一个重要标志。

2. GPS 接收机的类型

GPS 导航与定位技术的迅速发展和应用领域的不断开拓，使得世界各国对 GPS 接收机的研制与生产都极为重视,目前世界上 GPS 接收机的生产厂家约有数十家,而型号超过数百种。根据不同的观点,GPS 接收机可有多种不同的分类,下面介绍其主要分类。

① 根据工作原理的不同,接收机可分为码相关型接收机、平方型接收机和混合型接收机。

码相关型接收机的特点是:能够产生与所测卫星的测距码结构完全相同的复制码;工作中通过逐步相移,使接收码与复制码达到最大相关,以测定卫星信号到达用户接收机天线的传播时间。码相关型接收机可利用 C/A 码也可利用 P 码,其工作的基本条件是必须掌握测距码的结构,所以这种接收机也称为有码接收机。

平方型接收机是利用载波信号的平方技术去掉调制码,从而获得载波相位测量所必需的载波信号。这种接收机只利用卫星的信号,无须解码,因而不必掌握测距码的结构,所以也称为无码接收机。

混合型接收机综合利用了相关技术和平方技术的优点,可以同时获得码相位和精密的载波相位观测量的,目前在测量工作中广泛使用的接收机多属这种类型。

② 根据信号通道的类型,接收机可分为多通道接收机、序贯通道接收机和多路复用通道接收机。

在导航和定位工作中,GPS 接收机需要跟踪多颗卫星,而对于来自不同卫星的信号,接收机必须首先将它们分离开来,以便进行处理、量测,以获得不同卫星信号的观测量。GPS 接收机通道的主要作用是将接收到的不同卫星信号加以分离,以实现对各卫星信号的跟踪、处理和量测。

所谓多通道接收机,是指具有多个卫星信号通道,而每个通道只连续跟踪一个卫星信号的接收机。所以,这种接收机也称连续跟踪型接收机。

序贯通道接收机,通常只具有 1～2 个通道,为了跟踪多个卫星信号,在相应软件的控制下,按时序依次对各个卫星信号进行跟踪和量测。由于对所测卫星依次量测一个循环所需时间较长(>20 ms),所以其对卫星信号的跟踪是不连续的。

多路复用通道接收机与序贯通道接收机相似,一般也只具有 1～2 个通道,在相应软件的控制下,按时序依次对所有观测卫星的信号进行量测。多路复用通道接收机与序贯通道接收机的区别是:对所测卫星信号量测一个循环的时间较短(≤20 ms),可以保持对卫星信号的连续跟踪。

③ 根据卫星信号频率的不同,接收机可分为单频接收机(L1)和双频接收机(L1+L2)。

单频接收机只能接收经调制的 L1 信号。这时虽然可以利用导航电文提供的参数,对观测量进行电离层影响的修正,但由于修正模型尚不完善,精度较差,所以单频接收机主要用于基线较短(<10 km)的精密定位工作和导航。

双频接收机可以同时接收 L1 和 L2 信号,因而利用双频技术可以消除或减弱电离层折射对观测量的影响,提高导航和定位的精度。

④ 根据用途的不同,接收机可分为导航型接收机、大地型接收机和授时型接收机。

导航型接收机主要用于确定船舶、车辆、飞机和导弹等运动载体的实时位置和速度,以保障这些载体按预定的路线航行。导航型接收机,一般采用单点实时定位,精度较低。这类接收机结构较为简单,价格便宜,其应用极为广泛。

大地型接收机,主要是指适于进行精密大地测量工作的接收机。这类接收机,一般均采用载波相位观测进行相对定位,精度很高;但是观测数据需测后处理,因此需配有功能完善的后处理软件。大地型接收机与导航型接收机相比，其结构复杂，价格较贵。

授时型接收机主要用于天文台或地面监控站进行时频同步测定。

2.3.2　GPS 接收机天线

1. 天线的作用和要求

天线的基本作用是把来自卫星信号的能量转化为相应的电流量，并经过前置放大器送入射频部分进行频率变换，以便接收机对信号进行跟踪、处理和量测。一般来说，对天线的基本要求如下。

① 天线与前置放大器一般应密封为一体，以保障其在恶劣的气象环境下能正常工作，并减少信号损失。

② 天线均应呈全圆极化。要求天线的作用范围为整个上半球，在天顶处不产生死角，以便能接收来自天空任何方向的卫星信号。

③ 天线必须采取适当的防护与屏蔽措施（例如加一块基板），以便尽可能地减弱信号的多路径效应，防止信号干扰。

④ 天线的相位中心与其几何中心之间的偏差应尽量小且保持稳定。由于 GPS 测量的观测量是以天线的相位中心为准的，而在作业中天线的安置却是以其几何中心为准，所以在天线的设计中应尽可能保持两个中心的一致性和相位中心的稳定性。

前置放大器的作用是将转换后的弱电流放大。前置放大器分外差式和高放式两种。由于外差式前置放大器不仅具有放大功能，还具有变频功能（即将高频的 GPS 信号变换成中频信号，这有利于获得稳定的定位精度），所以绝大多数测地型的 GPS 接收机都采用外差式天线单元。

2. 天线的类型

目前 GPS 接收机的天线有多种，其基本类型如图 2-11 所示。

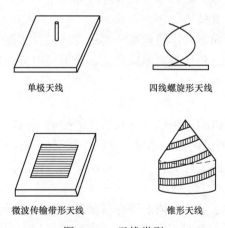

单极天线　　　　四线螺旋形天线

微波传输带形天线　　　锥形天线

图 2-11　天线类型

（1）单极天线

这种天线属单频天线，具有结构简单、体积小的优点。单极天线通常需要安装在一块基板上，以便减弱多路径效应的影响。

（2）四线螺旋形天线

这种天线也是一种单频天线，其结构较上述单极天线复杂，且在生产中很难调整，但其增益性良好，一般也不需要底板。

（3）微波传输带形天线

微波传输带形天线简称微带天线，其结构最为简单和坚固，既可用于单频也可用于双频，天线的高度很低，是安装在飞机上的理想天线。这种天线的主要缺点是增益较低。不过这一缺点可用低噪声前置放大器加以弥补。目前大多数测地型接收机天线都是微带天线。

（4）锥形天线

锥形天线也称为盘旋线形天线。这种天线可同时在两个频道上工作，其主要优点是增益性好。但由于天线较高，而且螺旋线在水平方向上不完全对称，因此天线的相位中心和几何中心可能不完全重合，这需要在安置天线时仔细定向以得到补偿。

天线是接收设备的重要部件之一，它的品质对于减少信号损失、防止信号干扰、提高导航与定位的精度具有重要意义。为此，不断完善天线性能是当前天线设计的重要任务，其中主要包括：改善天线对不同 GPS 测量工作的适应性；提高相位中心的稳定性；加强抗干扰能力，减弱多路径效应的影响；改进天线的生产工艺。

3. GPS 接收机通道

接收机的信号通道，即 GPS 卫星发射的信号，经由天线进入接收机的"路径"，它的主要作用是跟踪、处理和量测各卫星信号，以获得导航和定位所需的数据和信息。也就是当GPS 接收机的全向天线接收到所有来自天线水平面以上的卫星信号之后，必须先把这些信号隔离开来，以便进行处理和量测。这种对不同卫星信号的隔离，就是通过接收机内若干分离信号的通道来实现的。

通道是由硬件和相应的控制软件组成的。每个通道在某一时刻只能跟踪一颗卫星的一种频率信号。当接收机需同步跟踪多个卫星信号时，原则上可采用两种跟踪方式：一是接收机具有多个分离的硬件通道，每个通道都可连续地跟踪一个卫星信号；二是一个信号通道在相应软件的控制下，跟踪多个卫星信号。

根据跟踪卫星信号的不同方式，通道可分为序贯通道、多路复用通道和多通道。根据通道的工作原理，即对信号处理和量测的不同方法，通道又可分为码相关型通道、平方型通道和码相位型通道。

（1）序贯通道

序贯通道可对进入该通道的卫星信号，在软件的控制下按时序依次进行跟踪和量测，其一次量测时间大于 20 ms。根据量测的速度，这种通道又分为快速序贯通道和慢速序贯通道。快速序贯通道对进入该通道的所有卫星信号，依次量测一遍所需时间为数秒钟，而慢速序贯通道则需数分钟。

由于序贯通道在对多个卫星信号依次进行量测时，其在不同信号之间的转换率与导航电文的比特率（50 bps，或 20 ms）是不同步的，所以序贯通道在对一个卫星信号量测时，将丢失其他一些卫星信号的信息，无法获得卫星的完整导航电文。因此，一个序贯通道接收机，一般都需要一个额外的通道来获取电文。

序贯通道的优点是：硬件通道数少，结构简单，因而有利于减小接收机的体积和重量；由于采用单通道，各卫星信号在通道中的延迟都是相同的，不存在信号间的路径偏差。

　　序贯通道的缺点是：不能同时接收卫星导航电文；通道的控制软件较为复杂；难以保持载波信号的跟踪；对 L1，L2 信号的测量不同步，因而会降低电离层折射改正的精度。

　　（2）多路复用通道

　　与序贯通道类似，多路复用通道同样对进入该通道的所有卫星信号，在相应软件的控制下，按时序依次进行量测，但其量测一遍的总时间小于或等于 20 ms。

　　由于多路复用通道对卫星信号一次量测的时间很短，能在不同的卫星信号之间及两个频率 L1 和 L2 信号之间进行高速的转换，转换的速率同导航电文的比特率（20 ms）同步，所以这种通道不仅能同时获得所跟踪卫星的完整导航电文，而且可以连续地跟踪载波信号，实现对载波相位的连续量测。与序贯通道接收机相比，这是多路复用通道接收机的重要优点。

　　多路复用通道接收机的主要缺点是：其信噪比比多通道接收机的信噪比低，通道的控制软件也比较复杂。

　　多路复用通道与序贯通道的对比，如表 2-2 所示。

表 2-2　多路复用通道和序贯通道的对比

通道号	多路复用通道	序贯通道	
		快速序贯通道	慢速序贯通道
1 2 ⋮ n	▯▯▯▯▯▯▯▯▯▯ ▯▯▯▯▯▯▯▯▯▯ ▯▯▯▯▯▯▯▯▯▯ ▯▯▯▯▯▯▯▯▯▯ 20 ms	□　　□ 　□　　□ 　　□　　□ 　□　□　□ 数秒	▭ 　▭ 　　▭ 　　　▭ 数分

　　（3）多通道

　　多通道接收机是指具有四个及四个以上信号通道，且每个通道只连续跟踪一个卫星信号的接收机。

　　这种多通道接收机的主要优点是：能够不间断地跟踪每个卫星信号，从而可连续地对卫星信号的测距码和载波进行量测，且具有较好的信噪比。其主要缺点是各通道间存在信号延迟的偏差，必须进行比对和改正；另外，由于通道数较多，结构较为复杂，不利于减轻接收机的重量和体积。

　　因为多路复用通道和多通道可以不间断地跟踪各卫星信号，所以它们又称为连续跟踪型通道，而序贯通道则称为非连续跟踪型通道。

2.3.3　GPS 接收机的基本工作原理

　　GPS 接收机的工作原理，主要是指其对所跟踪卫星信号的处理和量测方法。而接收机对卫星信号的处理、量测都是在其信号通道中实现的，所以接收机的工作原理与信号通道的工作原理是一致的。下面通过码相关型通道、平方型通道和码相位型通道的不同工作方式来说明接收机的基本工作原理。

1. 码相关型通道

以码相关技术为根据，处理和量测卫星信号的通道，称为码相关型通道。该通道主要由码跟踪回路和载波跟踪回路组成（见图 2－12）。其中码跟踪回路用于从 C/A 码或 P 码中提取距观测量，同时对卫星信号进行解调，以获取导航电文和载波。该回路中的伪随机噪声码（PRN）发生器，在接收机时钟的控制下，可产生一个与卫星发射的测距码结构完全相同的码，即复制码，在相关器中对接收到的卫星测距码和接收机的复制码进行相关分析，当两信号之间达到最大相关时，便可测定出两信号间的时间延迟，即卫星发射的码信号到达接收机天线的传播时间。

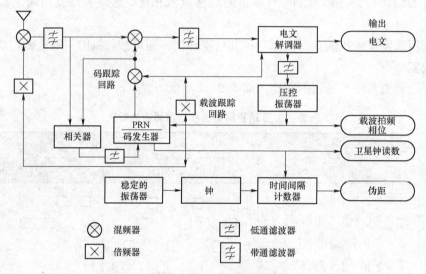

图 2－12　码相关型通道

上述两信号达到最大相关时，一般叫做锁定信号。这时如果把卫星信号和复制码混频，并将混频后的信号通过带通滤波器消去卫星信号中的伪随机噪声码，便可获得仅具有数据码（导航电文）和载波的信号。

载波跟踪回路的主要作用是：当上述去掉伪随机噪声码的卫星信号进入该回路后，进行载波相位测量，并解调出卫星的导航电文。

载波跟踪回路利用压控振荡器可使接收机振荡器产生的参考载波相位和接收的载波相位保持一致，而当两信号的相位一致时，载波跟踪回路便锁住了载波信号，这时通过对载波信号的量测，便可进一步获得载波相位的观测量。

卫星载波信号被锁定后，再将其与参考载波信号混频，并通过低通滤波器去掉高频信号，就能获得导航电文。

码相关型通道的主要优点是：既可进行伪距测量，又可进行载波相位测量，并能获得导航电文，而且还具有良好的信噪比。因此，目前 GPS 接收机都普遍采用这种通道。

码相关型通道的主要缺点是：用户必须掌握伪随机码的结构，以便接收机能够加以复制产生复制码。但由于美国政府对 P 码的保密性政策，所以一般用户无法采用码相关技术获得 L2 载波的观测值，因而不能通过双频技术来减弱电离层折射的影响，这时为了获得 L2 载波的相位观测量只能利用平方技术。

2. 平方型通道

以平方技术为根据，处理和量测卫星信号的通道，称为平方型通道。为了克服美国政府对 GPS 用户的限制政策，更好地利用 GPS 进行精密的定位工作，美国学者康瑟曼曾提出了处理卫星信号的平方技术，并在早期的 Macrometer V-1000 接收机中获得了成功应用。

平方技术的基本思想是：将接收的卫星信号通过自乘，去掉载波上的调制码，得到一个载波的二次谐波，以用于载波相位量测。

图 2-13 为平方型通道的工作示意图。其中振荡器产生一个参考载波信号，经倍频后再与接收的卫星信号混频，即可得到一个频率较低的信号，将该信号平方后便产生了一个消去调制码的纯载波信号。其原理简单说明如下。

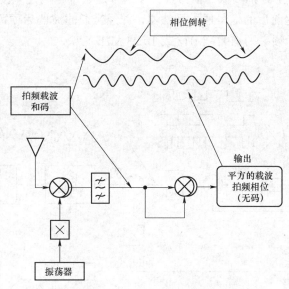

图 2-13　平方型通道的工作示意图

假设接收机收到的卫星信号分量为

$$y(t) = A(t)\cos(\omega t + \phi_0)$$

将其自乘后可得

$$y^2(t) = A^2(t)\cos^2(\omega t + \phi_0) = [1 + \cos(2\omega t + 2\phi_0)] / 2$$

其中 $A(t)$ 为调制码的振幅，因为其值为 +1 或 -1，所以其平方值恒为 1，即 $A^2(t) = 1$。这就是说，当接收到的卫星信号经平方后，其中的调制码信号（C/A 码、P 码和数据码）全被消掉，而得到了一个频率为原载波频率 2 倍的纯载波信号，利用该信号便可进行精密的载波相位量测。

平方型通道的主要优点是：无须掌握测距码（C/A 码、P 码）的结构，便能获得载波信号。所以利用这种技术，用户能在不了解 P 码结构的情况下获得 L2 载波信号。这样就可通过双频技术，有效地减弱电离层折射的影响，提高定位的精度。

但是，由于接收的卫星信号经平方后完全消掉了其中的测距码和数据码，所以利用平方技术无法获得卫星的导航电文和时间信息。这样一来，在作业中就需要通过其他方法来获得卫星的星历，同时在作业开始前和结束后必须进行时间比对，以使接收机钟相互同步。另外，由于在卫星信号平方的同时，信号的噪声也被扩大了，所以这时信噪比将会降低。由于平方技术具有这些特点，所以单纯采用平方型通道的接收机，只有早期生产的 Macrometer V－1000 和 Macrometer Ⅱ。目前，这类接收机已被以码相关技术和平方技术为依据的综合型接收机所代替。

3. 码相位型通道

与平方型通道相似，码相位型通道也无须掌握测距码的结构而能进行码相位量测。

平方型通道可以获得载波相位的量测值，而码相位型通道则可获得测距码相位的量测值。

测距码相位的量测，使用了在数字化通信系统中，提供符号同步或比特同步的自相关技术或互相关技术，其工作原理如图 2－14 所示。这时接收到的卫星信号与接收机产生的参考载波信号，混频后可产生频率较低的信号，将该信号延迟半个码元宽度（C/A 码为 487 ns，P 码为 49 ms），再将延迟前后的信号送入乘法器，并经带通滤波器后便可获得一个频率与码频率相同的正弦波信号（频率为 1.023 MHz 或 10.23 MHz）。

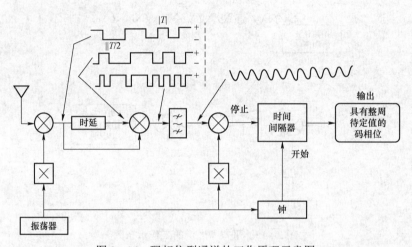

图 2－14　码相位型通道的工作原理示意图

码相位量测是根据时间间隔计数器来实现的。而该计数器是由接收机钟的秒脉冲启动，并通过上述正弦波的正向零通过来中止的。利用这种方法，可测定所述正弦波相位中不足整周的小数部分。而码相位的整周数是未知的（C/A 码的波长为 293 m，P 码的波长约为 29.3 m），还需利用其他方法解算。

码相位型通道的优点与平方型通道一样，无须了解测距码的结构，而可以利用码相位测量进行定位工作。其缺点也是无法获得卫星的导航电文和时间信息。另外，由于码相位型通道测量的是测距码相位，所以其观测量的精度较平方型通道低。利用码相位型通道的接收机，以美国的 ISTAC－2002 GPS 为代表。

目前，新型的大地型 GPS 接收机通道普遍综合采用了相关技术与平方技术。这种接收机综合了码相关型通道和平方型通道的优点，可以提供多种导航和定位信息，这对于精密定位工作具有重要意义。

复习题

1. 简述 GPS 系统的组成部分。
2. 简述 GPS 用户接收部分的主要作用。
3. GPS 信号接收机按用途不同，可分为哪几类？
4. GPS 卫星信号包含哪些信号分量？
5. GPS 接收机的主要组成部分有哪些？

第3章 坐标系和时间系

本章导读

本章主要介绍了天球的基本概念、岁差与章动、天球坐标系的建立过程，地心坐标系、地极移动与协议地球坐标系、WGS84 坐标系、参心坐标系，时间系统的相关概念。

坐标系统和时间系统是描述卫星运动、处理观测数据和表达定位结果的数学与物理基础。

在 GPS 测量与应用中，通常采用的坐标系统有两类。一类是地球坐标系，该类坐标系与地球体相固联，随地球一起转动，故又称为地固坐标系。这类坐标系对于表达点的位置和处理 GPS 观测成果十分方便，在经典大地测量中有极为广泛的应用。对 GPS 测量而言，最基本的是以地球质心为原点的地心坐标系。另一类是天球坐标系，该类坐标系与地球自转无关，又称为空固坐标系。天球坐标系对于描述卫星的运行状态、确定卫星轨道是极其方便的。

3.1 天球坐标系

3.1.1 天球的基本概念

所谓天球，是指以地球质心 M 为中心、半径 r 为任意长度的一个假想的球体。在天文学中，通常把天体投影到天球的球面上，并利用球面坐标系统来表达或研究天体的位置及天体之间的关系。为了建立球面坐标系统，必须确定球面上的一些参考点、线、面和圈。在全球定位系统中，为描述卫星的位置也将涉及这些概念，如图 3-1 所示。

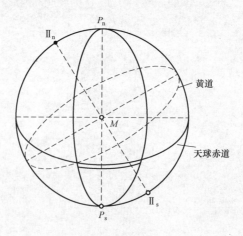

图 3-1 天球的概念

1. 天轴与天极

地球自转轴的延伸直线为天轴；天轴与天球的交点 P_n 和 P_s 称为天极，其中 P_n 称为北天极，P_s 为南天极。

2. 天球赤道面与天球赤道

通过地球质心 M 与天轴垂直的平面，称为天球赤道面。这时天球赤道面与地球赤道面重合。该赤道面与天球相交的大圆称为天球赤道。

3. 天球子午面与子午圈

包含天轴并通过地球上任一点的平面，称为天球子午面。而天球子午面与天球相交的大圆称为天球子午圈。

4. 时圈

通过天轴的平面与天球相交的半个大圆称为时圈。

5. 黄道

地球公转的轨道面与天球相交的大圆称为黄道，即当地球绕太阳公转时，地球上的观测者所见到的太阳在天球上运动的轨迹。黄道面与赤道面的夹角 C 称为黄赤交角，约为 23.5°。

6. 黄极

通过天球中心且垂直于黄道面的直线与天球的交点称为黄极，其中靠近北天极的交点 II_n 称为北黄极，靠近南天极的交点 II_s 为南黄极。

7. 春分点

当太阳在黄道上从天球南半球向北半球运行时，黄道与天球赤道的交点 γ 称为春分点。在天文学和卫星大地测量学中，春分点和天球赤道面是建立参考系的重要基准点和基准面。

3.1.2 岁差与章动

上述点和圈在天球上的位置是基于假设地球为均质的球体，且没有其他天体摄动力影响的理想情况，即假定地球的自转轴在空间的方向是固定的，因而春分点在天球上的位置保持不变。但是，实际上地球的形体接近于一个赤道隆起的椭球体，因此在日、月引力和其他天体引力对地球隆起部分的作用下，地球在绕太阳运行时自转轴的方向不再保持不变，从而使春分点在黄道上产生缓慢的西移，这种现象在天文学中称为岁差。在岁差的影响下，地球自转轴在空间绕北黄极产生缓慢的旋转（从北天极上方观察为顺时针方向，以下同），因而使北天极以同样的方式在天球上绕北黄极产生旋转。

地球自转轴在空间的方向变化，主要是日、月引力共同作用的结果，其中又以月球的引力影响为最大。由于太阳距地球较月球距地球远，所以其引力的影响仅为月球影响的 0.46 倍。如果月球的引力及其运行的轨道都是固定不变的，同时忽略其他星引力的微小影响，那么日、月引力的影响，仅将使北天极绕北黄极以顺时针方向缓慢旋转，构成如图 3-2 所示的一个圆锥面。这时，在天球上，北天极的轨迹近似地构成一个以北黄极 II_n 为中心、以黄赤交角为半径的小圆。在这个小圆上，北天极每年西移约为 50.371″，周期大约为 25 800 年。

在天球上，这种规律运动的北天极，通常称为瞬时平北天极（或简称为平北天极），而与之相应的天球赤道和春分点，称为瞬时天球平赤道和瞬时平春分点。但是，在太阳和其他行星引力的影响下，月球的运行轨道及月、地之间的距离都是不断变化的，所以北天极在天球上绕北黄极旋转的轨迹实际上要复杂得多。如果把观测时的北天极称为瞬时北天极（或称真北天极），而与之相对应的天球赤道和春分点称为瞬时天球赤道和瞬时春分点（或称真天球赤道和真春分点），那么在日、月引力等因素的距响下，瞬时北天极将绕瞬时平北天极产生旋转，大致成椭圆形轨迹，其长半径约为 9.2″，周期约为 18.6 年，这种现象称为章动。

因此，为了描述北天极在天球上的运动，通常把这种复杂的运动分解为两种规律的运动，首先是平北天极绕北黄极的运动，这就是上面介绍的岁差现象；其次是瞬时北天极绕平北天极的顺时针转动，即章动现象。在岁差和章动的共同影响下，瞬时北天极绕北黄极旋转的轨迹实际上如图 3-3 所示。

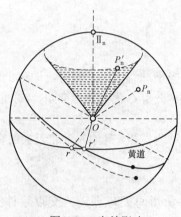

图 3-2　岁差影响

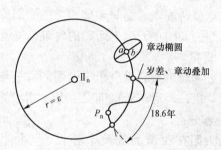

图 3-3　岁差和章动共同影响

3.1.3　天球坐标系的建立

地面点的位置是在地球坐标系内表示的，而 GPS 卫星的位置在天球坐标系内表示更为方便。因为 GPS 定位需要把卫星与地面点的几何位置统一在一个坐标系内，所以天球坐标系的选择应尽量便于两种坐标系之间的相互变换。如果两个坐标系的原点均取地球质心，且使两个坐标系的 z 轴重合，取为瞬时地球自转轴，此时定义的天球坐标系与地心坐标系具有最简便的变换关系。

按上述思路定义天球坐标系，可以分为以下两种形式。

① 天球空间直角坐标系。原点位于地球质心 M，Z 轴指向天球北极 P_n，X 轴指向春分点 γ，Y 轴与 Z 轴、X 轴构成右手坐标系。

② 天球球面坐标系。原点位于地球质心 M，赤经 α 为过春分点的天球子午面与过天体 s 的天球子午面之间的夹角，赤纬 δ 为 M 和天体 s 的连线与天球赤道面之间的夹角，向径长度 r 为 M 至天体 s 之间的距离。各坐标值以图 3-4 中箭头所指方向为正。

上述两种坐标系统对于表达同一天体的位置是等价的，它们之间的关系如下。

$$\begin{bmatrix} x \\ y \\ z \end{bmatrix} = r \begin{bmatrix} \cos\delta \cdot \cos\alpha \\ \cos\delta \cdot \sin\alpha \\ \sin\delta \end{bmatrix}$$

或

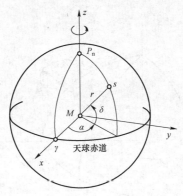

图 3-4　天球坐标系

$$r = \sqrt{x^2 + y^2 + z^2}$$
$$\alpha = \arctan \frac{y}{x}$$
$$\delta = \arctan \frac{z}{\sqrt{x^2 + y^2}}$$

但是，由于岁差和章动的影响，天球坐标系的坐标轴方向在不断地旋转变化，为此只能选择某一标准时刻的瞬时地球自转轴和地心至瞬时春分点的方向，经该时刻的岁差和章动改正后，作为 z 轴和 x 轴的方向，并称它们为协议天球坐标系。国际大地测量协会和国际天文学联合会决定，从 1984 年 1 月 1 日后启用的协议天球坐标系是：原点仍为地球质心，z 轴指向 2000 年 1 月 15 日质心力学时为标准历元的瞬时地球自转轴方向，x 轴指向该标准历元的地心至瞬时春分点方向，y 轴与 x 轴和 z 轴构成右手坐标系。

实际应用中是将卫星在上述协议天球坐标系的坐标，分别顾及岁差影响和章动影响，转换成实际观测历元的瞬时天球坐标系的坐标，以取得卫星与测站点相关位置在时间系统上的一致。当然，这种转换工作总是借助计算软件自动完成的，无须观测人员逐一计算。

3.2　地球坐标系

按坐标系原点所处位置的不同，地球坐标系可分为地心坐标系和参心坐标系。

3.2.1　地心坐标系

地心坐标系有两种表达形式：地心空间直角坐标系和地心大地坐标系，如图 3-5 所示。

1. 地心空间直角坐标系

地心空间直角坐标系的定义是：原点 O 与地球质心重合；Z 轴指向地球北极，X 轴指向格林尼治平子午面与地球赤道的交点 E，Y 轴垂直于 XOZ 平面构成右手坐标系。

2. 地心大地坐标系

地心大地坐标系的定义是：地球椭球的中心与地球质心重合，椭球的短轴与地球自转轴相合，大地纬度（B）为过地面点的椭球法线与椭球赤道面的夹角，大地经度（L）为过地面点的椭球子午面与格林尼治平子午面之间的夹角，大地高（H）为地面点沿椭球法线至椭球面的距离。

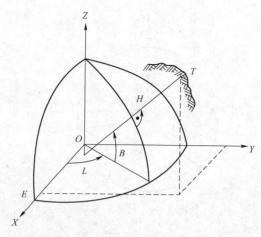

图 3-5 地心空间直角坐标系和地心大地坐标系

于是，任一地面点 T 在地球坐标系中的坐标可表示为（X，Y，Z）或（B，L，H），两种坐标的换算关系为

$$\left.\begin{array}{l} X=(N+H)\cos B\cos L \\ Y=(N+H)\cos B\sin L \\ Z=[N(1-e)+H]\sin B \end{array}\right\}$$

式中，N 为椭球的卯酉圈曲率半径，e 为椭球的第一偏心率。若以 a、b 分别表示所取椭球的长半径和短半径，则有

$$N=a/W$$
$$W=(1-e^2\sin^2B)^{1/2}$$
$$e^2=a^2-\frac{b^2}{a^2}$$

当由空间直角坐标转换为大地坐标时，通常可用下式

$$\left.\begin{array}{l} B=\arctan[\tan\Phi(1+ae^2/(z\times\sin B/W))] \\ L=\arctan(Y/X) \\ H=R\cos\Phi/\cos B-N \end{array}\right\} \qquad (3-1)$$

式中

$$\Phi=\arctan[Z/(X^2+Y^2)^{1/2}]$$
$$R=(X^2+Y^2+Z^2)^{1/2}$$

可见，当应用式（3-1）计算大地纬度时，要采用逐次趋近法。但是，考虑到该式简明，趋近计算一般收敛很快，所以实际上仍普遍采用。

在计算上为了避免上述缺点，也可采用以下直接计算式。

$$\tan B=\tan\Phi+A_1e^2\{(1/2)\times e^2[A_2+(1/4)\times e^2(A_3+(1/2)\times A_4e^2)]\}$$

式中

$$A_1=(a/R)\tan\Phi$$
$$A_2=\sin^2\Phi+2(a/R)\cos^2\Phi$$
$$A_3=3\sin^4\Phi+16(a/R)\sin^2\Phi\cos^2\Phi+4(a/R)2\cos^2\Phi(2-5\sin^2\Phi)$$

$A_4=5\sin\Phi+48(a/R)\sin^4\Phi\cos^2\Phi+20(a/R)\sin^2\Phi\cos^2\Phi\times(4-7\sin^2\Phi)+16(a/R)3\cos^2\Phi(1-7\sin^2\Phi+$

$\quad 8\sin^4\Phi)$

或者采用下式。

$\Phi=C_1e^2\{1+1/2\times e^2[C_2+(1/12)\times e^2(C_3+(3/2)\times C_4e^2)]\}$

$C_1=(a/R)\sin\Phi\cos\Phi$

$C_2=\sin^2\Phi+2(a/R)(1-2\sin^2\Phi)$

$C_3=9\sin^4\Phi+24(a/R)\sin^2\Phi(2-3\sin^2\Phi)+4(a/R)(6-35\sin^2\Phi+35\sin^4\Phi)$

$C_4=5\sin^6\Phi+16(a/R)\sin^4\Phi(3-4\sin^2\Phi)+4(a/R)2\sin^2\Phi\times(20-77\sin^2\Phi+63\sin^4\Phi)+$

$\quad 16(a/R)^3(1-12\sin^2\Phi+30\sin^4\Phi\ 20\sin^6\Phi)$

当 $B=45°$ 时，上述直接计算公式的模型误差约为 4×10^{-7}，足以满足精密大地坐标换算的要求。

3.2.2 地极移动与协议地球坐标系

在介绍天球坐标时，所关心的主要问题是地球自转轴在空间的指向及其变化。因为天球坐标系与地球的自转无关，所以这时地球自转相对地球体本身的变化并不重要。而对于与地球体固联的坐标系来说，情况就完全不同了，这时地极点是作为地球坐标系的一个重要基准点，自然希望它在地球上的位置是固定的，否则地球参考系的 Z 轴方向将有所改变，也就是说，地球赤道面和起始子午面的位置均将有所改变，从而引起地球上点的坐标变化。

事实上，人们早已发现地球自转轴相对地球体的位置并不是固定的，因而地极点在地球表面上的位置是随时间变化的。这种现象称为地极移动，简称极移。观测瞬间地球自转轴所处的位置，称为瞬时地球自转轴，而相应的极点称为瞬时极。

通过对大量观测资料进行分析发现，地极在地球表面上的运动主要包含两种周期性的变化：一种是周期约为一年、振幅约为 0.1″的变化；另一种是周期约为 432 天、振幅约为 0.2″的变化。后一种周期变化一般又称为钱德勒（Chandler）周期变化。

为了描述地极移动的规律，通常取一平面直角坐标系来表达地极的瞬时位置。为此，假设该平面通过地极的某一平均位置，即平极 P_n，并与地球表面相切。在此平面上取直角坐标系（x_p，y_p），设其原点与平极 P_n 重合，x_p 轴指向格林尼治平均天文台，y_p 轴指向格林尼治零子午面以西 $90°$ 的子午线方向。于是任一历元 t 的瞬时极 P_n 的位置可表示为（x_p,y_p），如图 $3-6$ 所示。

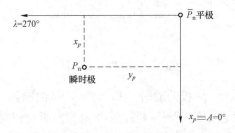

图 3-6 地极坐标系

地极移动将使地球坐标系的坐标轴指向发生变化，从而给实际工作带来了许多困难。因此早在 1967 年，国际天文学联合会和国际大地测量学协会便建议，采用国际上 5 个纬度服务站（如表 $3-1$ 所示），以 1900 年至 1905 年的平均纬度所确定的平均地极位置作为基准点。

平极的这个位置是相应于上述期间地球自转轴的平均位置而言的，通常称为国际协议原点（conventional international origin，CIO）。与之相应的地球赤道面称为平赤道面或协议赤道面。在实际工作中，仍普遍采用 CIO 作为协议地极。以协议地极为基准点的地球坐标系称为协议地球坐标系（covential terrestrial system，CTS），而与瞬时极相应的地球坐标系称为瞬时地球坐标系。图 3-7 描绘了 1971 年至 1975 年，相对于 CIO 地极运动的轨迹。

表 3-1　国际经纬站分布

站址	纬度 φ	经度 λ
卡洛福特（Carloforte）/意大利	39°08′09″	8°18′44″
盖瑟斯堡（Gaithersburg）/美国	39°08′13″	−77°11′57″
基塔布（Kitab）/苏联	39°08′02″	66°52′51″
水泽（Mizusawa）/日本	39°08′04″	141°07′51″
尤凯亚（Ukiah）/美国	39°08′12″	−123°12′35″

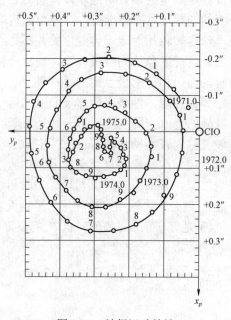

图 3-7　地极运动轨迹

在上述地极平面坐标系中，地极的瞬时坐标 (x_p, y_p) 是由国际时间局（Bureau International de I′heure，BIH）根据所属台站的观测资料推算并定期出版公报向用户提供的。

极移现象主要引起了瞬时地球坐标系相对协议地球坐标系的旋转，它们之间的关系如图 3-8 所示。

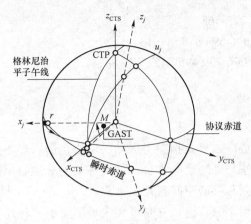

图 3-8　协议地球坐标系与瞬时地球坐标系

3.2.3　WGS84 大地坐标系

在全球定位系统中，卫星主要被视为位置已知的高空观测目标。所以，为了确定用户接收机的位置，GPS 卫星的瞬时位置也应换算到统一的地球坐标系统中。

在 GPS 试验阶段，卫星瞬时位置的计算是采用了 1972 年世界大地坐标系统（world geodetic system 1972，WGS72），而从 1987 年 1 月 10 日开始，采用了改进的 WGS84 坐标系统。世界大地坐标系统属于协议地球坐标系（CTS）。但由于科学技术发展水平的限制，严格地实现理想的协议坐标系是较困难的。从这个意义上说，WGS 可视为 CTS 的近似系统或称为准协议地球坐标系。

自 20 世纪 60 年代以来，美国国防部制图局（DMA）为建立全球统一坐标系统，利用了大量的卫星观测资料及全球地面天文、大地和重力测量资料，先后建成了 WGS60、WGS66 和 WGS72 全球坐标系统。1984 年，经过多年修正和完善，发展了一种新的更为精确的世界大地坐标系统，称之为美国国防部 1984 年世界大地坐标系，简称 WGS84。

WGS84 于 1985 年开始使用，1986 年生产出第一批相对于地心坐标系的地图、航图和大地成果。由于 GPS 导航定位全面采用了 WGS84，用户可以获得更高精度的地心坐标，也可以通过转换，获得较高精度的参心大地坐标系坐标。

WGS84 坐标系的几何定义是：坐标系的原点是地球的质心，Z 轴指向 BIH1984.0 定义的协议地球极（CTP）方向，X 轴指向 BIH1984.0 定义的零度子午面和 CTP 赤道的交点，Y 轴和 Z 轴、X 轴构成右手坐标系。

WGS84 椭球采用国际大地测量与地球物理联合会第 17 届大会大地测量常数推荐值，采用的 4 个基本参数如下。

长半轴（a）=6 378 137 m±2 m

引力常数与地球总质量乘积（GM）=3 986 005×10^8 m³ · s⁻²±0.6× 10^8 m³ · s⁻²

正常化二阶带谐系数（$C_{2.0}$）=−484.166 85×10^{-6}±1.30×10^{-9}

地球自转角速度（ω）=7 292 115×10^{-11} rad · s⁻¹±0.150 0×10^{-11} rad · s⁻¹

利用以上 4 个基本参数，可以计算其他的几何常数和物理常数，例如：

短半轴（b）=6 356 752.314 2 m

扁率（f）=1/298 257 223 563

第一偏心率（e^2）=0.006 694 379 990 13

第二偏心率（e'^2）=0.006 739 496 742 227

3.2.4 参心坐标系

1. 概述

参心坐标系中的"参心"二字是指参考椭球的中心，所以参心坐标系和参考椭球密切相关。由于参考椭球中心无法与地球质心重合，故又称其为非地心坐标系。参心坐标系按其应用又可分为参心大地坐标系和参心空间直角坐标系。

参心大地坐标系的应用十分广泛，它是经典大地测量的一种通用坐标系。根据地图投影理论，参心大地坐标系可以通过高投影计算转化为平面直角坐标系，为地形测量和工程测量提供控制基础。由于不同时期采用的地球椭球不同或其定位与定向不同，我国出现的参心大地坐标系主要有 BJZ54（原）、GDZ80 和 BJZ54 三种参心大地坐标系。

参心空间直角坐标系是用三维坐标 x、y、z 表示点位的，它可按一定的数学公式与参心大地坐标系相互换算。

建立一个参心大地坐标系，必须解决以下问题。

① 确定椭球的形状和大小。

② 确定椭球中心的位置，简称定位。

③ 确定以椭球中心为原点的空间直角坐标系的坐标轴方向，简称定性。

④ 确定大地原点。

解决这些问题的过程也就是参心大地坐标系的建立过程。

下面介绍我国应用和建立的几种参心坐标系。

2. 1954 年原北京坐标系［BJZ54（原）］

新中国成立初期，我国大地坐标系是采用石家庄市的柳新庄一等天文点作为原点的独立坐标系统（即以该点的天文坐标作为其大地坐标），采用海福特椭球进行定位的。但是随着大地网的扩展，采用海福特椭球元素误差太大，而且又没有考虑垂线偏差的影响。

为此，1954 年总参谋部测绘局在有关方面的建议与支持下，采取先将我国一等锁与苏联远东一等锁相连接，然后以连接处呼玛、吉拉林、东宁基线网扩大边端点的苏联 1942 年普尔科沃坐标系的坐标为起算数据，平差我国东北及东部地区一等锁。这样传算来的坐标定名为 1954 年原北京坐标系，实际上它是以苏联当时采用的 1942 年普尔科沃坐标系为基础建立起来的，所不同的是 1954 年原北京坐标系的高程异常是以苏联 1955 年大地水准面重新平差结果为起算值，按我国天文水准路线推算出来的，且以 1956 年青岛验潮站求出的黄海平均海水面为基准面。

1954 年原北京坐标系建立后，在测绘生产中发挥了巨大的作用，至今仍在广泛应用。同时也看到，1954 年原北京坐标系采用了克拉索夫斯基椭球，它与精确椭球参数相比，长半轴约长 109 m。而且该椭球只有 2 个几何参数（长半轴、扁率），缺乏物理意义，不足以全面反映地球的几何特性和物理特性。同时，1954 年原北京坐标系是苏联进行多点定位的结果，大地原点在普尔科沃，它所对应的参考椭球面与我国所在地区的大地水准面很难达到最佳拟合，在东部地区大地水准面差距自西向东增加最大达到 67 m。另外，该坐标系是按分区平差逐步提供大地点成果的，在分区的结合部产生了较大的不符值。

3. 1980 年国家大地坐标系（GDZ80）

鉴于 1954 年原北京坐标系存在的椭球参数不够精确、参考椭球与我国大地水准面拟合不好等缺点，建立我国新的大地坐标系是必要的、适时的。

（1）椭球的参数

在几何大地测量学中，通常用椭球长半径（a）和扁率（f）两个参数表示椭球的形状和大小，但是从几何和物理两个方面来研究地球，仅有这两个参数是不够的。

在物理大地测量中研究地球重力场时，需要引进一个正常椭球所产生的正常重力场。关于物体的重力场，有著名的斯托克斯定理：如果物体被水准面 S 包围，已知它的总质量为 M，并绕一定轴以常角速度 ω 旋转，则 S 面上或外部空间任一点的重力位都可以唯一确定。正常重力位的球函数展开式为

$$U = GM/\rho[1 - \sum_{n=1}^{\infty} J_{2n}\,(a/\rho)^{2n}P_{2n}(\cos\theta)] + \omega^2/2 \times \rho^2\sin^2\theta$$

式中，ρ 为地心矢径，θ 为余纬度，也是点的球坐标；$P_{2n}(\cos\theta)$ 为勒让德多项式；a、J_2、GM 和 ω 为正常椭球四个参数，式中其他的偶阶带谐系数 J_4、J_6，…可根据这四个参数按一定的公式算得。1967 年国际大地测量与地球物理联合会（IUGG）第十四届大会上，开始采用由这四个参数全面地描述地球的几何特性和物理特性。

在四个基本参数中，长半径 a 通常由几何大地测量提供，地球自转角速度 ω 由天文观测确定，它们的精度都比较好。地球的质量 M 虽难测定，但是 GM（G 是地球引力常数）利用卫星大地测量学可精确测定至千万分之一，通过观测人造地球卫星，确定与 a 等价的二阶带谐系数 J_2，其精确度提高了两个数量级。

（2）地极原点

1977 年我国极移协作小组利用 1949—1977 年国内外 36 个台站的光学仪器的测纬资料，确定了我国的地极原点，记作 JYD1968.0（历元平极）。随着空间大地测量技术的不断发展，传统的光学天体测量方法将被取代，所以依靠光学手段保持的 JYD 系统已很难维持，变更地极原点似乎是大势所趋。

（3）起始天文子午线

1884 年国际经度会议决定，以通过英国格林尼治天文台艾黎仪器中心的子午线作为全世界计算天文经度的起始天文子午线。起始天文子午线与赤道的交点（E），就是天文经度零点。

但是地极位置的变化，必然引起起始子午线的变化。加之格林尼治天文台已于 1959 年搬迁至 75 km 以外的赫斯特莫尼尤克斯，新的格林尼治天文台已经失去了它的特殊意义。

考虑到极移影响和格林尼治天文台迁址，为使沿用成习的经度计算尽量不变，1968 年国际时间局决定，采用通过国际协议原点（CIO）和原格林尼治天文台的经线为起始子午线。起始子午线与相应于 CIO 的赤道的交点（E）为经度零点，这个系统称为"1968BIH 系统"。

显然，起始子午线或经度零点，只靠一个天文台是难以保持的。所以国际时间局的"1968BIH 系统"是由分布在世界各地的许多天文台所观测的经度反求出各自的经度原点，取它们的权中数作为平均天文台所定义的经度原点，国际时间局再根据 1954—1956 年的观测资料求出格林尼治天文台所定义的经度零点（E）与平均天文台所定义的经度原点的经度差值，

来修订各天文台的经度值，从而保持了用 E 点作为经度零点。

由于上述原因，国际时间局的"1968BIH 系统"改为以平均天文台为准，习惯上仍称以"格林尼治平均天文台"为准，实际上这种称呼已经和格林尼治没有直接关系了。

通过投影计算可以证明，虽然地极位置发生改变，起始天文子午线的定义发生了变化，从而导致不同赤道上的经度零点发生了变化。但是这种变化很小，实际上仍然可以认为不变。我国采用 JYD1968.0 作为地极原点，其对应的经度零点和 1968BIH 系统的经度零点相比，差异很小，实际上可以认为是一样的。

起始天文子午线和起始大地子午线紧密相关，后者直接关系到大地坐标系的定义和不同系统的大地坐标换算。

（4）我国 1980 年国家大地坐标系的建立

1978 年 4 月在西安召开的全国天文大地网整体平差会议上，我国决定建立新的国家大地坐标系。有关部门根据会议纪要开展了多方面的工作，建成了 1980 年国家大地坐标系（GDZ80）。

1980 年国家大地坐标系采用了全面描述椭球性质的四个基本参数（a、GM、J_2、ω），这就同时反映了椭球的几何特性和物理特性。四个参数的数值采用的是 1975 年国际大地测量与地球物理联合会第 16 届大会的推荐值：

椭球长半轴（a）=6 378 140 m

引力常数与地球总质量之积（GM）=3.986 005×10^{14} $m^3 \cdot s^{-2}$

地球引力场二阶带谐系数（J_2）=1.082 63×10^{-3}

地球自转角速度（ω）=7.292 115×10^{-5} $rad \cdot s^{-1}$

大地坐标系的原点设在陕西省泾阳县永乐镇，地处我国中部地区，在西安以北 60 km，简称西安原点。

1980 年国家大地坐标系的椭球定位是按局部密合条件实现的。依据 1954 年原北京坐标系大地水准面差距图，按 1°×1° 间隔，在全国均匀选取 922 个点，列出高程弧度测量方程式，求得椭球中心的位移Δx_0、Δy_0、Δz_0，进而求出大地原点上的垂线偏差分量（η_k，ξ_k）和高程异常（ζ_k）。再由大地原点上测得的天文经纬度（λ_k，ϕ_k）和正常高（H_k）及至另一点的天文方位角（α_k），即可算得大地原点上的大地经纬度（L_k、B_k）和大地高（h_k）及至另一点的大地方位角（A_k），以此作为 1980 年国家大地坐标系的大地起算数据。

1980 年国家大地坐标系的椭球短轴平行于由地球质心指向我国地极原点 JYD1968.0 的方向，起始大地子午面平行于我国起始天文子午面。

大地点的高程是以 1956 年青岛验潮站求出的黄海平均海水面为基准。

新的国家大地坐标系的建立，标志着我国测绘科学技术的形成和发展。无论是椭球的选择及其定位、定向，还是其后的全国天文大地网平差，都体现着当时的先进水平。

4. 1954 年新北京坐标系（BJZ54）

尽管 1980 年国家大地坐标系具有先进性和严密性，可是 1954 年原北京坐标系毕竟在我国测绘工作中影响深远。60 多年来，数十万个国家控制点都是在这个系统内完成计算的，一切测量工程和测绘成果均无例外地采用了这个系统。

如何既体现 1980 年国家大地坐标系的严密性，又照顾到 1954 年原北京坐标系的实用性，人们在设想一种两全其美的办法，于是就产生了 1954 年新北京坐标系。

1954 年新北京坐标系就是在 1980 年国家大地坐标系的基础上，将 IUGG1975 年椭球改换成原来的克拉索夫斯基椭球，通过在空间三个直角坐标轴上进行平移旋转而形成的。所以说，新北京坐标系的成果实际上就是从 1980 年大地坐标系整体平差成果转换而来的。

因此，1954 年新北京坐标系的成果既具有整体平差成果的科学性，其坐标精度与 1980 年国家大地坐标系的坐标精度是一致的，改变了 1954 年原北京坐标系局部平差成果的局限性。同时，由于参考椭球又恢复成原北京坐标系的参考椭球，使新北京坐标系内的坐标值与原北京坐标系内的坐标值相差很小。

据统计，新北京坐标系与原北京坐标系相比，就控制点的平面直角坐标而言，纵坐标的差值在 -6.5 ~$+7.8$ m 之间，横坐标的差值在 -12.9 ~19.0 m 之间，差值在 5 m 以内者约占全国 80% 的地区。

3.3 时间系统

1. 时间的有关概念

在现代大地测量学中，为了研究诸如地壳升降和板块运动等地球动力学现象，时间也和描述观测点的空间坐标一样，成为研究点位运动过程和规律的一个重要分量，从而形成空间与时间参考系中的四维大地测量学。

在天文学和空间科学技术中，时间系统是精确描述天体和人造卫星运行位置及其相互关系的重要基准，因而也是人们利用卫星进行导航和定位的重要基准。

在 GPS 卫星测量中，时间系统的重要意义如下。

① GPS 卫星作为一个高空观测目标，其位置是不断变化的。因此在给出卫星运行位置的同时，必须给出相应的瞬间时刻。例如，当要求 GPS 卫星的位置误差小于 1 cm 时，则相应的时刻误差应小于 2.6×10^{-6} 秒。

② GPS 测量通过接收和处理 GPS 卫星发射的无线电信号，来确定用户接收机（即观测站）至卫星间的距离（或距离差），进而确定观测站的位置。因此，准确地测定观测站至卫星的距离，必须精密地测定信号的传播时间。如果要求上述距离误差小于 1 cm，则信号传播时间的测定误差应不超过 3×10^{-11} 秒。

③ 由于地球的自转现象，在天球坐标系中，地球上点的位置是不断变化的。若要求赤道上一点的位置误差不超过 1 cm，则时间的测定误差须小于 2×10^{-5} 秒。

显然，利用 GPS 进行精密的导航与定位，尽可能获得高精度的时间信息，其意义至关重要。因此，了解有关时间系统的基本概念，对于 GPS 的应用来说是甚为必要的。

在人类历史长河中，各国各地区由于民族、文化和地理位置的关系，计时的方法和单位虽有不同，但都是以地球绕太阳公转、月球绕地球运转和地球自转的运转周期为基础的，因而都用年、月、日来计时。当今，多数国家都以格里历作为年、月、日的计时单位，即以地球绕自转轴运转一周的平均时间为 1 日，而将地球绕太阳公转一周的平均时间长度 365.242 5 日叫做一年，这就是人们所称的公元年，这种计时的起点是公元元年 1 月 1 日。我国采用格里历并采用公元纪年是从 1949 年 10 月 1 日中华人民共和国成立正式开始的。计时的单位，除了年、月、日以外，还有时、分、秒等小于一日的单位。

时间包含有"时刻"和"时间间隔"两个概念。所谓时刻，即发生某一现象的瞬间。在天文学和卫星测量学中，与所获数据对应的时刻也称为历元。而时间间隔，是指发生某一现象经历的过程，是这一过程始末的时刻之差。所以，时间间隔测量也称为相对时间测量，而时刻测量相应地称为绝对时间测量。

时间的计算方法随用途的不同而有所不同。日常的计时有平年、间年、大月、小月之分，但在一些科技领域，如天文测量和卫星大地测量中，为了使用方便，常常不以年、月来计算，而用日来计算，这种计算方法称为儒略日（JD）记日法。儒略日是从儒略历的公元前 4713 年 1 月 1 日格林尼治正午开始，连续以日累计，需用时可从《中国天文年历》的"儒略日"附表中查取。儒略日按日累计，年复一年，数字越积越大，使用不方便。所以 1973 年第 15 届天文学联合会(JAU)通过了使用以 1958 年 11 月 17 日世界时 0 时为起点的准儒略日（MJD）的决定。于是有

$$MJD=JD-2\ 400\ 000.5\ 日$$

准儒略日又称为改进儒略日，儒略日与改进儒略日之差为 2 400 000.5 日。

以上讨论的是年、月、日的记法。至于日以下的计时系统，有恒星时、世界时、力学时和 GPS 时等，现分述如下。

2. 恒星时

以春分点为参考点，由春分点的周日视运动所确定的时间称为恒星时。

春分点连续两次经过本地子午圈的时间间隔为一恒星日，含 24 个恒星小时。所以恒星时在数值上等于春分点相对于本地子午圈的时角。因为恒星时是以春分点通过本地子午圈时为原点计算的，同一瞬间对不同测站的恒星时不同。所以恒星时具有地方性，有时也称为地方恒星时。

由前所述，由于岁差、章动的影响，严格地讲，地球自转轴在空间的指向是变化的，春分点在天球上的位置并不固定，所以对于同一历元所对应的真北天极和平北天极，也有真春分点和平春分点之分。因此，相应的恒星时也有真恒星时和平恒星时之分，它们之间的关系如图 3-9 所示。如果假设 LAST 为真春分点地方时角，GAST 为真春分点的格林尼治时角，LMST 为平春分点地方时角，GMST 为平春分点的格林尼治时角，则有关系：

$$LAST-LMST=GAST-GMST=\Delta\phi\cos\varepsilon$$
$$GMST-LMST=GAST-LAST=\lambda$$

式中，λ 为天文经度，$\Delta\phi$ 为黄经章动，ε 为黄纬交角。

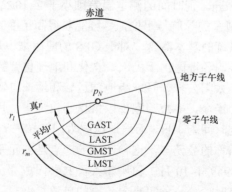

图 3-9 真恒星时与平恒星时

恒星时是以地球自转为基础，并与地球的自转角度相对应的时间系统，它在天文学中有

着广泛的应用。

3. 世界时

世界时是以平太阳时为基准的。它是从经度为 0° 的格林尼治子午圈起算的一种地方时，这种地方时属于包含格林尼治的零时区，所以称为世界时。由天文学理论知道，世界时与恒星时、真太阳时都是以地球的自转周期为基本单位的一种时间系统，其均匀性达 10^{-8} s。因此，在经典测量中都认为它是一种均匀的时间系统。由于原子钟的发明和观测精度的提高，发现地球自转速度并不均匀，由它所确定的时间也不均匀。

1）影响地球自转变化的因素

（1）长期变化

产生这种变化的主要原因是日、月引力所引起的地球表面潮汐摩擦，使地球自转速度逐渐变慢，日的长度以每百年约 0.001 6 s 增长。这种变化，在短期内不太显著，因而对短期行为的测量工作而言不是主要问题。

（2）季节性变化

地球表面随季节移动的大气团产生的阻力，使地球自转速度不均匀，产生一种季节性的周期变化，春季变慢，秋季变快。一年中，日的长度约有 0.001 s 的变化；而在同一个季节里还有一月、半月等较小的周期性变化。这种变化属于一种短周期变化，其影响虽然较大，但可根据其周期性，用经验公式求出其影响值并予以改正，因而可在很大程度上消除或减小其影响。

（3）不规则变化

这可能是由于地球内部物质的移动或地球转动惯量的改变等原因所产生的一种变化，表现在地球自转速度无规律性的时快时慢，一年内日长可能会产生千分之几秒的差值。正因为这种变化是不规则的，因而不可预见，且其数值也较大，所以是一个难以解决的问题。

除了上述变化之外，在世界时的测量中，极移使子午圈随时发生变化，也影响到世界时的均匀性，所以世界时的不均匀是每时、每分、每秒的长度都在变化，这就影响了一些要求时间精度较高的部门的应用。因此，1955 年 9 月国际天文学联合会决定在世界时中加入不同的改正。根据改正项的不同，世界时被划分为三种形式，自 1956 年 1 月 1 日起在世界各地正式使用。

2）世界时（UT）的三种形式

（1）UT_0 世界时

UT_0 世界时是 1955 年以前各国所使用的一种世界时形式，它是利用天文测量的方法直接对天体进行观测得到的，其基准是观测台站的瞬时子午圈，所以它既包含了地球自转速度不均匀的影响，也包含了极移的影响，其精度当然也就有限了。

（2）UT_1 世界时

UT_1 世界时是对 UT_0 世界时观测瞬间的地极移动进行改正（改正数为$\Delta\lambda$）得到的，即

$$UT_1 = UT_0 + \Delta\lambda$$

这种世界时一般用于实用天文测量中。

（3）UT_2 世界时

在 UT_1 世界时中虽然考虑了极移改正，但尚存在地球自转速度不均匀的影响。为此，在 UT_1 中加入观测瞬间的季节性变化改正数ΔT_3，即

$$UT_2 = UT_1 + \Delta T_s$$

$$T_s = a \sin 2\pi t + b \cos 2\pi t + c \sin 4\pi t + d \cos 4\pi t$$

式中 $a = +0.022$ s，$b = -0.012$ s，$c = -0.006$ s，$d = +0.007$ s，从 1972 年起正式使用；这些数据是根据国际时间局按 1967—1969 年全世界天文观测资料得出的，可从《地球自转参数公报》中查取；t 为小数，以年为单位，从观测当年的 1 月 1 日起算。

尽管对世界时加入了 $\Delta \lambda$ 和 ΔT_s 改正而形成 UT_2 世界时，但 UT_2 中仍包含地球自转速度的长期变化和不规则性变化的影响，所以 UT_2 世界时仍是一种不均匀的时间系统。

4. 原子时

世界时是以地球的自转为基准的时间系统，存在不均匀和精度低的缺点。1967 年，国际计量委员会决定采用原子零场在基态的两个超精细能级结构间跃迁辐射频率 9 192 631 770 个周期的时间间隔为一秒，这样长度的秒，定义为原子时秒，以此为基准的时间系统称为原子时（AT）。原子时秒比由地球运转所确定的秒稳定，且精度达到 10^{-13} s。

为了适应人们的习惯和作息的方便，需使原子时与世界时一致，选定以 1958 年 1 月 1 日 UT_2 的 0 时为原子时的起点。这就要求（AT—UT_2）1 958.0=0，但因各种因素的影响，实际上出现了（AT—UT_2）1 958.0=0.003 9 s。这样，原子时就比世界时 UT_2 提前了 0.003 9 s，且原子时的秒长与世界时的秒长不相等，一年大约相差一秒。

计量原子时的时钟称为原子钟，常用的有铯原子钟、氢原子钟和铷原子钟三种，国际上是以铯原子钟为基准的。原子钟的计时精度满足了一些高精度时间部门的需要，特别是空间技术和地面高精度定位的需要。GPS 卫星上都配置了原子钟。

5. 协调世界时

协调世界时（CUT）是综合了世界时与原子时的另一种计时方法，即秒长采用原子时的秒长，而时刻则采用世界时时刻。所以严格地讲，这不是一种时间系统，而是一种使用方法。由于原子时的精度高且稳定性好，满足了高精度时间要求部门的需要，但与地球运转有关的一系列工作又都需用世界时与日出而作、日没而息的习惯相适应。为了达到既满足高精度要求，又适应各方面的需要而采用的介于世界时与原子时之间的计时方法，称为协调世界时，简称为协调时。由于世界时与原子时的秒长不一致，在相互换算和应用中会产生矛盾，解决的办法是采用跳秒来"协调"。所谓跳秒，就是规定当 $|CUT - UT| > 0.9$ s（1974 年以前规定为 0.7 s）时，进行一秒的整数跳动，叫做闰秒。闰秒日期由国际时间局通知，一般是在每年 12 月 31 日的 23 h59 m60 s 上加或减 1 s，若是加一秒，则这一年的时间长度就多一秒，为正闰秒；若是减一秒，则这一年的时间长度就少一秒，为负闰秒。经过正（负）跳秒后，才开始下一年元月一日零时的计时。如果这样还不够，则在每年 6 月 30 日与 7 月 1 日的交界处再跳秒一次。

6. 力学时

在天文学中，天体的星历是根据天体动力学理论建立的运动方程编算的，其中所采用的独立变量是时间参数 T，这个变量 T，便被定义为力学时。力学时是均匀的。

根据所述运动方程，由于所对应的参考点不同，力学时可分为两种：质心力学时（barycentric dynamic time，TDB），是相对于太阳系质心的运动方程所采用的时间参数；地球力学时（terrestrial dynamic time，TDT），是相对于地球质心的运动方程所采用的时间参数。

地球力学时的基本单位是秒，与原子时的尺度一致。国际天文学联合会决定，于 1977 年 1 月 1 日国际原子时（IAT）0 时与地球力学时的严格关系定义如下。

$$TDT=IAT+32.184（s）$$

若以 ΔT 表示地球力学时与世界时之间的差，则由上式可得：

$$\Delta T=TDT-UT_1=IAT-UT+32.184（s）$$

该差值可通过国际原子时与世界时的比对确定，通常载于天文年历中。

7. GPS 时

GPS 时间系统简称为 GPS 时，是以原子频率标准为基准，由主控站按照美国海军天文台的协调世界时 CUT 进行调整的，在 1980 年 1 月 6 日零时，使两个时系对齐。GPS 时与协调世界时 CUT 相似，都属于原子时，所不同的是协调世界时在年末（必要时在 6 月 30 日）可能通过跳秒来保持与世界时接近；而为了导航的连续性，GPS 时不能跳秒，如有必要，可由主站对卫星钟的运行状态进行调整，即对卫星钟的速度进行调整，使 GPS 时与世界时保持一致。

 **复习题**

1. 简述岁差和章动的概念。
2. 简述地心坐标系的表达形式。
3. 什么是参心坐标系？简述我国应用和建立的几种参心坐标系。
4. 在 GPS 卫星测量中，时间系统有哪些意义？

第4章　GPS定位原理与方法

本章导读

本章主要介绍了GPS定位方法的分类；伪距测量的方法、伪距定位观测方程及计算；载波相位测量的原理、观测方程及测量差分法；整周跳变的分析及整周未知数的确定方法；绝对定位的原理及精度的评价；相对定位的原理及准动态相对定位法。

4.1　GPS定位原理

4.1.1　GPS定位原理概述

GPS的定位原理就是利用空间分布的卫星及卫星与地面点的距离交会得出地面点位置。简言之，GPS定位原理是一种空间距离交会。与其相似，无线电导航定位系统、卫星激光测距定位系统，其定位也是利用测距交会的原理进行的。

设想在地面待定位置上安置GPS接收机，同一时刻接收4颗以上GPS卫星发射的信号。通过一定的方法测定这4颗以上卫星在此瞬间的位置及它们分别至该接收机的距离，据此利用距离交会法解算出测站P的位置及接收机钟差δ_t。

如图4-1所示，设时刻t_i在测站点P用GPS接收机同时测得P点至4颗GPS卫星S_1、S_2、S_3、S_4的距离分别为ρ_1、ρ_2、ρ_2、ρ_4，通过GPS电文解译出4颗GPS卫星的三维坐标(X^j,Y^j,Z^j)，$j=1，2，3，4$。用距离交会的方法求解P点的三维坐标$(X，Y，Z)$的观测方程为：

$$\left.\begin{aligned}
\rho_1^2 &= (X-X^1)^2+(Y-Y^1)^2+(Z-Z^1)^2+c\delta_t \\
\rho_2^2 &= (X-X^2)^2+(Y-Y^2)^2+(Z-Z^2)^2+c\delta_t \\
\rho_3^2 &= (X-X^3)^2+(Y-Y^3)^2+(Z-Z^3)^2+c\delta_t \\
\rho_4^2 &= (X-X^4)^2+(Y-Y^4)^2+(Z-Z^4)^2+c\delta_t
\end{aligned}\right\}$$

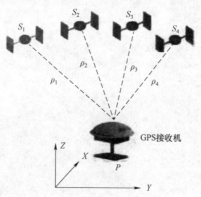

图4-1　GPS卫星定位原理

式中，c——光速；

　　　　δ_t——接收机钟差。

由此可见，GPS 定位中，要解决的问题就是以下两个：一是观测瞬间 GPS 卫星的位置，即通过 GPS 卫星发射的导航电文（含有 GPS 卫星星历），可以实时地确定卫星的位置信息；二是观测瞬间测站点至 GPS 卫星之间的距离。站星之间的距离是通过测定 GPS 卫星信号在卫星和测站点之间的传播时间来确定的。

在 GPS 定位中，GPS 卫星是高速运动的卫星，其坐标值随时间快速变化，因此需要实时地由 GPS 卫星信号测量出测站点至卫星之间的距离，实时地由卫星的导航电文解算出卫星的坐标值，并进行测站点的定位。依据测距的原理，其定位方法主要有伪距法定位、载波相位测量定位及差分 GPS 定位等。

实际应用中，为了减弱卫星的轨道误差、卫星钟差、接收机钟差及电离层和对流层的折射误差的影响，常采用载波相位观测值的各种线性组合（即差分值）作为观测值，获得两点之间高精度的 GPS 基线向量（即坐标差）。

4.1.2　GPS 定位方法分类

应用 GPS 卫星信号进行定位的方法，可以按照用户接收机天线在测量中所处的状态、参考点的位置或者 GPS 信号不同的观测量，进行以下分类。

1. 按照接收机天线的状态分类

按用户接收机在作业中的运动状态不同，GPS 定位可分为静态定位和动态定位。

① 如果在定位过程中，用户接收机天线处于静止状态，或者更明确地说，待定点在协议地球坐标系中的位置被认为是固定不动的，那么确定这些待定点位置的定位测量就称为静态定位。由于地球本身在运动，因此严格地说，接收机天线的静态测量是指相对周围的固定点天线位置没有可察觉的变化或者变化非常缓慢，以致在观测期内察觉不出而可以忽略。

在进行静态定位时，由于待定点位置固定不动，因此可通过大量重复观测提高定位精度。正是由于这一原因，静态定位在大地测量、工程测量、地球动力学研究和大面积地壳形变监测中获得了广泛的应用。随着快速解算整周待定值技术的出现，快速静态定位技术已在实际工作中使用，静态定位作业时间大为减少，从而在地形测量和一般工程测量领域也获得了广泛的应用。

② 如果在定位过程中，用户接收机天线处于运动状态，这时待定点位置随着时间变化。确定这些运动着的待定点的位置，称为动态定位。例如，为了确定车辆、船舰、飞机和航天器的实时位置，就可以在这些运动着的载体上安置 GPS 信号接收机，采用动态定位方法获得接收机天线的实时位置。

2. 按照参考点的不同位置分类

根据参考点的位置不同，GPS 定位又可分为绝对定位和相对定位。

绝对定位是以地球质心为参考点，测定接收机天线（即待定点）在协议地球坐标系中的绝对位置，由于定位作业仅需一台接收机，所以又称为单点定位。单点定位外业工作和数据处理都比较简单，但其定位结果受卫星星历误差和信号传播误差影响较显著，所以定位精度较低。这种定位方法适用于低精度测量领域，如船只、飞机的导航，海洋捕鱼，地质调查等。

如果选择地面某个固定点为参考点，确定接收机天线相位中心相对参考点的位置，则称为相对定位。由于相对定位使用两台以上接收机，同步跟踪 4 颗以上 GPS 卫星，因此相对定位所获得的观测量具有相关性，并且观测量中包含的误差同样具有相关性。采用适当的数学模型，即可消除或者削弱观测量所包含的误差，使定位结果达到相当高的精度。相对定位既可作静态定位，也可作动态定位，其结果是获得各个待定点之间的基线向量，即三维坐标差：ΔX，ΔY，ΔZ。目前相对定位由于精度可达 $10^{-8} \sim 10^{-6}$，所以仍旧是精密定位的基本模式。

随着快速解算整周待定值技术所取得的进展，快速静态相对定位的方法目前已被采用，并且已在某些应用领域取代传统的静态相对定位方法。

在动态相对定位技术中，差分定位（即 DGPS 定位）受到了普遍重视。在进行 DGPS 定位时，一台接收机被安置在参考站上固定不动，其余接收机则分别安置在需要定位的运动载体上。固定接收机和流动接收机可分别跟踪 4 颗以上 GPS 卫星的信号，并以伪距作为观测量。根据参考点的已知坐标，可计算出定位成果的坐标改正数或距离改正数，并可通过数据发送电台发送给流动用户，以改进流动站定位结果的精度。

近几年开发的一种实时动态定位技术称为 RTK（real time kinematic）GPS 测量，采用了载波相位观测量作为基本观测量，能够达到厘米级的定位精度。在 RTK GPS 测量作业模式下，位于参考站的 GPS 接收机，通过数据链将参考点的已知坐标和载波相位观测量一起传输给位于流动站的 GPS 接收机，流动站的 GPS 接收机根据参考站传递的定位信息和自己的测量成果，组成差分模型并进行基线向量的实时解算，可获得厘米级精度的测量定位成果。RTK GPS 测量极大地提高了 GPS 测量的工作效率，特别适合于各类工程测量及各种用途的大比例尺测图或 GPS 数据采集，为 GPS 测量开拓了更广阔的应用前景。

3. 按照 GPS 信号的不同观测量分类

动态定位和静态定位，依据的观测量都是所测得的卫星至接收机天线的伪距。伪距的基本观测量分为码相位观测和载波相位观测。因此，根据 GPS 信号的不同观测量，可以分为以下 4 种定位方法。

（1）卫星射电干涉测量

通过测量某颗卫星的射电信号到达两个测站的时间差，可以求得测站间距离。由于在进行干涉测量时，只把 GPS 卫星信号当做噪声信号来使用，无须了解信号的结构，因此这种方法对于无法获得 P 码的用户是很有吸引力的。

（2）多普勒定位法

依据多普勒效应原理，利用 GPS 卫星较高的射电频率，由积分多普勒计数得出伪距差。为了提高多普勒频移的测量精度，卫星多普勒接收机不是直接测量某一历元的多普勒频移，而是测量在一定时间间隔内多普勒频移的积累数值，称之为多普勒计数。

（3）伪距测量法

伪距测量法是利用 GPS 进行导航定位的最基本方法。其原理是：在某一瞬间，利用 GPS 接收机同时测定至少 4 颗卫星的伪距，根据已知的卫星位置和伪距观测值，采用距离交会法求出接收机的三维坐标和时钟改正数。

（4）载波相位测量

将载波作为量测信号对载波进行相位测量可以达到很高的精度。通过测量载波的相位而求得接收机到 GPS 卫星的距离，是目前大地测量和工程测量中的主要测量方法。

4.2　伪距相位测量

4.2.1　伪距测量的方法

　　GPS 定位的信号发射时刻由卫星钟确定，接收时刻则是由接收机钟确定，这样在测定的卫星至接收机的距离中，不可避免地包含着两台钟不同步的误差和电离层、对流层延迟误差的影响，它并不是卫星与接收机之间的实际距离，所以称之为伪距。所测伪距就是由卫星发射的测距码信号到达接收机的传播时间乘以光速所得出的量测距离。

　　GPS 卫星信号包含 3 种信号分量，分别是载波、测距码、导航电文。当卫星依据自己的时钟发出的含有测距码的调制信号，经过 Δt 时间的传播到达地面接收机时（如图 4-2 所示），此时接收机收到的测距码为 $U(t-\Delta t)$。而接收机的随机噪声码发生器又产生了一个与卫星发播的测距码结构完全相同的复制码 $U'(t-\tau)$，并且通过接收机的时间延迟器进行移相，对测距码和复制码做相关处理，当信号之间的自相关系数达到最大，即接近于 1 时，说明在积分间隔 T 内复调整时间延迟 τ，直至 $R(t)$ 达到最大，于是就由延迟器测定出两信号间的时间延迟（简称时延）τ。在理想情况下，时延 τ 就等于卫星信号的传播时间 Δt，此时将 τ 乘以光速 c，就可以求得卫星至接收机的距离。

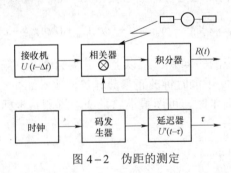

图 4-2　伪距的测定

4.2.2　伪距定位观测方程

　　实际应用中，将观测时得到的伪距 $\tilde{\rho}$ 改正为卫星至接收机之间的实际距离 ρ 是解决定位问题的关键。设卫星钟控制的测距码信号在 GPS 时刻 t_a 发出，其正确的标准时刻为 τ_a；该信号经传播延迟 τ 到达 GPS 接收机，其时间为 t_b，则伪距测量中传播时延 τ 实际为

$$\tau = t_b - t_a = \frac{1}{c}\tilde{\rho} \tag{4-1}$$

　　若卫星钟发射信号时刻的钟差为 v_{ta}，接收机接收时刻的钟差为 v_{tb}，则有

$$\left.\begin{array}{l} t_a + v_{ta} = \tau_a \\ t_b + v_{tb} = \tau_b \end{array}\right\} \tag{4-2}$$

将式（4-2）代入式（4-1）得

$$\frac{1}{c}\tilde{\rho} = t_b - t_a = (\tau_b - v_{tb}) - (\tau_a - v_{ta}) = (\tau_b - \tau_a) + v_{ta} - v_{tb} \tag{4-3}$$

式中，$\tau_b - \tau_a$ 表示测距码从卫星到接收机的实际传播时间。若加上电离层折射改正（$\delta\rho_{ion}$）

和对流折射改正（$\delta\rho_{\text{trop}}$），此时卫星至接收机的实际距离为

$$\rho = c(\tau_b - \tau_a) + \delta\rho_{\text{ion}} + \delta\rho_{\text{trop}} \tag{4-4}$$

将式（4-3）代入式（4-4），得实际距离 ρ 和伪距 $\tilde{\rho}$ 之间的关系式为

$$\rho = \tilde{\rho} + \delta\rho_{\text{ion}} + \delta\rho_{\text{trop}} - cv_{ta} + cv_{tb} \tag{4-5}$$

当已知卫星钟的钟差 v_{ta} 和接收机的钟差 v_{tb} 时，又可精确求得电离层折射改正和对流层折射改正，那么测定了伪距 $\tilde{\rho}$ 就可求得实际距离 ρ。实际距离与卫星坐标 (x, y, z) 和接收机坐标 (X, Y, Z) 之间有下列关系：

$$\rho = [(x-X)^2 + (y-Y)^2 + (z-Z)^2]^{\frac{1}{2}} \tag{4-6}$$

卫星坐标可以根据收到的卫星电文求得，因为上式中只包含 3 个坐标未知数，所以如果对 3 颗卫星同时进行伪距测量，就可以求出接收机的位置。

实践中，将接收机时钟的钟差 v_{tb} 也视为未知数。理论上，要想知道精确的钟差，必须使用稳定度极高的原子钟，这在数目有限的卫星上可以办到，但在 GPS 接收机上都安装原子钟是不现实的。解决这一问题的办法就是把接收机时钟的钟差 v_{tb} 也当做一个未知数来处理，为此就要求至少同时测定 4 颗卫星的伪距，以便同时解出 4 个未知数：X，Y，Z，v_{tb}。这样根据式（4-5）和式（4-6），伪距法定位的数学模型为

$$[(x_i - X)^2 + (y_i - Y)^2 + (z_i - Z)^2]^{\frac{1}{2}} - cv_{tb} = \tilde{\rho} + (\delta\rho_i)_{\text{ion}} + (\delta\rho_i)_{\text{trop}} - cv_{tai} \quad (i = 1, 2, 3, 4) \tag{4-7}$$

式中，各符号的脚注 i 表示观测的 4 颗（或以上）卫星的序号；第 i 颗卫星发射信号瞬间的钟差 v_{tai} 可以根据卫星导航电文中的时钟改正参数计算出来。

当式（4-7）的个数大于 4 时，可用最小二乘法求解测站坐标和接收机时钟改正数的最或然值。

4.2.3 伪距法定位的计算

这里，只讨论观测 4 颗卫星情况下的伪距定位计算原理。

在式（4-7）中，若令

$$\rho_i' = \tilde{\rho} + (\delta\rho_i)_{\text{ion}} + (\delta\rho_i)_{\text{trop}} - cv_{tai}$$

若令 $cv_{tb} = B$，式（4-7）则可写为

$$\rho_i' = [(x_i - X)^2 - (y_i - Y)^2 + (z_i - Z)^2]^{\frac{1}{2}} - B \tag{4-8}$$

假设测站的初始坐标向量及其改正数向量分别为

$$\boldsymbol{X}_0 = (X_0 \quad Y_0 \quad Z_0 \quad B_0)^{\text{T}}$$

$$\text{d}\boldsymbol{X} = (\text{d}X \quad \text{d}Y \quad \text{d}Z \quad \text{d}B)^{\text{T}}$$

考虑到测站至卫星 i 的方向余弦：

$$\left(\frac{\partial \rho_i'}{\partial X}\right)_0 = -\frac{1}{\rho_{i0}}(x_i - X_0) = -l_i$$

$$\left(\frac{\partial \rho_i'}{\partial Y}\right)_0 = -\frac{1}{\rho_{i0}}(y_i - Y_0) = -m_i$$

$$\left(\frac{\partial \rho_i'}{\partial Z}\right)_0 = -\frac{1}{\rho_{i0}}(z_i - Z_0) = -n_i$$

$$\left(\frac{\partial \rho_i'}{\partial B}\right)_0 = -1$$

式中

$$\rho_{i0} = [(x_i - X_0)^2 + (y_i - Y_0)^2 + (z_i - Z_0)^2]^{\frac{1}{2}}$$

式（4-8）线性变化形式可以写为

$$\begin{bmatrix} \rho_1' \\ \rho_2' \\ \rho_3' \\ \rho_4' \end{bmatrix} = \begin{bmatrix} \rho_{10}' \\ \rho_{20}' \\ \rho_{30}' \\ \rho_{40}' \end{bmatrix} - \begin{bmatrix} l_1 & m_1 & n_1 & 1 \\ l_2 & m_2 & n_2 & 2 \\ l_3 & m_3 & n_3 & 3 \\ l_4 & m_4 & n_4 & 4 \end{bmatrix} \begin{bmatrix} \mathrm{d}X \\ \mathrm{d}Y \\ \mathrm{d}Z \\ \mathrm{d}B \end{bmatrix}$$

若令

$$\boldsymbol{A} = \begin{bmatrix} l_1 & m_1 & n_1 & 1 \\ l_2 & m_2 & n_2 & 1 \\ l_3 & m_3 & n_3 & 1 \\ l_4 & m_4 & n_4 & 1 \end{bmatrix}$$

$$\boldsymbol{L} = (L_1 \quad L_2 \quad L_3 \quad L_4)^{\mathrm{T}}$$

$$L_i = \rho_i' - \rho_{i0}'$$

式（4-8）可写为

$$\boldsymbol{A}\mathrm{d}\boldsymbol{X} + \boldsymbol{L} = \boldsymbol{0} \tag{4-9}$$

则可得坐标改正数的向量解为

$$\mathrm{d}\boldsymbol{X} = -\boldsymbol{A}^{-1}\boldsymbol{L} \tag{4-10}$$

　　上述公式仅是针对 4 颗卫星情况下的求解。此时没有多余观测量，未知数的解算是唯一的。当同步观测的卫星数多于 4 个时，则需要通过最小二乘法求解。此时可将式（4-9）写成误差方程式的形式，即

$$\boldsymbol{V}_n = \boldsymbol{A}_n \mathrm{d}\boldsymbol{X} + \boldsymbol{L}_n \tag{4-11}$$

式中

$$\boldsymbol{V}_n = (v_1 \quad v_2 \quad \cdots \quad v_n)^{\mathrm{T}}$$

$$\boldsymbol{A}_n = \begin{bmatrix} l_1 & m_1 & n_1 & 1 \\ l_2 & m_2 & n_2 & 1 \\ \vdots & \vdots & \vdots & \vdots \\ l_n & m_n & n_n & 1 \end{bmatrix}$$

$$\boldsymbol{L}_n = (L_1 \quad L_2 \quad \cdots \quad L_n)^{\mathrm{T}}$$

根据最小二乘原理求解得

$$dX = -(A_n^T A_n)^{-1}(A_n^T L_n)$$

测站未知数中误差

$$m_x = \sigma_0 \sqrt{q_{ii}}$$

式中：σ_0——伪距测量中误差；

q_{ii}——权系数矩阵 Q_x 中的主对角线元素，其中 Q_x 按下式计算

$$Q_x = (A_n^T A_n)^{-1}$$

4.3　载波相位测量

4.3.1　载波相位测量原理

载波相位测量的观测量是 GPS 接收机所接收到的卫星载波信号与接收机本振参考信号的相位差。以 $\varphi_k^j(t_k)$ 表示 k 接收机在接收机钟面时刻 t_k 所接收到的 j 卫星载波信号的相位值，$\varphi_k(t_k)$ 表示 k 接收机在钟面时刻 t_k 所产生的本振参考信号的相位值，则 k 接收机在接收机钟面时刻 t_k 观测 j 卫星所取得的相位观测量可写为

$$\Phi_k^j(t_k) = \varphi_k(t_k) - \varphi_k^j(t_k)$$

通常的相位或相位差测量只是测出一周以内的相位值。实际测量中，如果对整周进行计数，则自某一初始取样时刻 t_0 以后就可以取得连续的相位测量值。

如图 4-3 所示，在初始时刻 t_0，测得小于一周的相位差为 $\Delta\varphi_0$，其整周数为 N_0，则含整周数的相位观测值应为

$$\tilde{\varphi} = \Delta\varphi_0 + N_0 = \varphi_k(t_0) - \varphi_k^j(t_0) + N_0$$

接收机继续跟踪卫星信号，不断测定小于一周的相位差 $\Delta\varphi(t)$，并利用整波计数器记录从 t_0 到 t_i 时间内的整周数变化量 $\text{Int}(\varphi)$，只要卫星 S^j 从 t_0 到 t_i 之间卫星信号没有中断，则初始时刻整周模糊度 N_0 就为一常数，这样任一时刻 t_i 卫星 S^j 到 k 接收机的相位差为

$$\varphi = N_0 + \text{Int}(\varphi) + \varphi_k(t_i) - \varphi_k^j(t_i) = N_0 + \text{Int}(\varphi) + F_r^i(\varphi) \qquad (4-12)$$

式（4-12）说明，从第一次开始，在以后的测量中，其观测量包括了相位差的小数部分和累计的整周数部分。

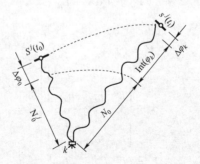

图 4-3　载波相位观测值的组成

4.3.2　载波相位测量观测方程

设在 GPS 标准时刻为 τ_a、卫星钟读数为 t_a 的瞬间，卫星 S^j 发射的载波信号相位为 $\varphi(t_a)$，经传播延迟后，该信号在标准时刻到达接收机。根据电磁波传播原理，信号到达接收机的相位应保持不变，即在 τ_b 时刻，接收机收到的载波信号的相位为 $\varphi(\tau_b)=\varphi(t_a)$。对应于标准时刻 τ_b 的接收机时钟读数为 t_b，这时接收机产生的基准信号的相位为 $\varphi(\tau_b)=\varphi(t_b)$。所以载波相位测量值为

$$\varphi = \varphi(t_b) - \varphi(t_a) \tag{4-13}$$

其中

$$\left.\begin{aligned} t_b &= \tau_b - v_{tb} = \tau_a + (\tau_b - \tau_a) - v_{tb} \\ t_a &= \tau_a - v_{ta} \end{aligned}\right\} \tag{4-14}$$

对于稳定性较好的振荡器，相位与频率之间的关系可表示为

$$\varphi(t + \Delta t) = \varphi(t) + f \Delta t \tag{4-15}$$

式中：f——信号频率；

Δt——微小的时间间隔。

将式（4-14）代入式（4-13），并考虑式（4-15）的关系，可得

$$\varphi = f(\tau_b - \tau_a) - f v_{tb} + f v_{ta}$$

由式（4-4）得

$$\tau_b - \tau_a = \frac{1}{c}(\rho - \delta\rho_{ion} - \delta\rho_{trop})$$

于是

$$\varphi = \frac{f}{c}(\rho - \delta\rho_{ion} - \delta\rho_{trop}) + f(v_{ta} - v_{tb})$$

将上式代入式（4-12），得载波相位测量的基本观测方程为

$$\tilde{\varphi} = \frac{f}{c}(\rho - \delta\rho_{ion} - \delta\rho_{trop}) + f v_{ta} - f v_{tb} - N_0 \tag{4-16}$$

式中：$\tilde{\varphi}$——波相位的实际观测量，以周数为单位。

如果将上式等号两边同乘以 $\lambda = \dfrac{c}{f}$，则有

$$\tilde{\rho} = \rho - \delta\rho_{ion} - \delta\rho_{trop} + c v_{ta} - c v_{ta} - \lambda N_0 \tag{4-17}$$

将式（4-17）和式（4-5）比较可以看出，载波相位测量的观测方程中除了增加一个整周未知数 N_0 外，和伪距测量观测方程完全相同，式中的 ρ 是 τ_a 时刻卫星位置（x，y，z）和 t 时刻接收机位置（X，Y，Z）之间的实际距离，即

$$\rho = [(x-X)^2 + (y-Y)^2 + (z-Z)^2]^{\frac{1}{2}}$$

引入

$$\left.\begin{aligned}
\rho_0 &= [(x-X_0)^2 + (y-Y_0)^2 + (z-Z_0)^2]^{\frac{1}{2}} \\
X &= X_0 + \mathrm{d}X \\
Y &= Y_0 + \mathrm{d}Y \\
Z &= Z_0 + \mathrm{d}Z
\end{aligned}\right\}$$

将 ρ 在点 (x_0, y_0, z_0) 用泰勒级数展开得

$$\rho = \rho_0 + \left(\frac{\partial \rho}{\partial X}\right)_0 \mathrm{d}X + \left(\frac{\partial \rho}{\partial Y}\right)_0 \mathrm{d}Y + \left(\frac{\partial \rho}{\partial Z}\right)_0 \mathrm{d}Z \qquad (4-18)$$

$$= \rho_0 + \frac{X_0 - x}{\rho_0}\mathrm{d}X + \frac{Y_0 - y}{\rho_0}\mathrm{d}Y + \frac{Z_0 - z}{\rho_0}\mathrm{d}Z$$

将式（4-18）代入式（4-16）中，可以将载波相位测量基本观测方程线性化，即

$$\frac{f}{c}\frac{x-X_0}{\rho_0}\mathrm{d}X + \frac{f}{c}\frac{y-Y_0}{\rho_0}\mathrm{d}Y + \frac{f}{c}\frac{z-Z_0}{\rho_0}\mathrm{d}Z - fv_{\mathrm{ta}} + fv_{\mathrm{tb}} + N_0$$

$$= \frac{f}{c}(\rho_0 - \delta\rho_{\mathrm{ion}} - \delta\rho_{\mathrm{trop}}) - \tilde{\varphi} \qquad (4-19)$$

式（4-19）等号左端各项为未知数项，其中 (x,y,z) 是 τ_a 时刻的 GPS 卫星坐标；上式等号右端各项可根据 GPS 卫星电文或多普勒观测资料算得，而 $\tilde{\varphi}$ 的总和即为误差方程式的常数项。

4.3.3 载波相位测量差分法

在载波相位测量基本方程式（4-19）中，包含着两类不同的未知数：一类是必要参数，如测站的坐标；另一类是多余参数，如卫星钟和接收机的钟差、电离层延迟和对流层延迟等。多余参数在观测期间随时间变化，给平差计算带来了麻烦。

解决这个问题有两种方法：一种是找出多余参数与时空关系的数学模型，给载波相位测量方程一个约束条件，使多余参数大幅度减少；另一种更有效、精度更高的办法是按一定规律对载波相位测量值进行线性组合，通过求差达到消除多余参数的目的。

载波相位测量中采用差分法，一方面减少了平差计算中的未知数数量，另一方面也消除或减弱了相对定位时测站间共同的一些误差影响。

4.4 周跳分析与整周未知数的确定方法

4.4.1 整周跳变分析

1. 整周跳变的产生

由于仪器线路的瞬间故障、卫星信号被障碍物暂时阻挡、载波锁相线路的短暂失锁等因素的影响，引起计数器在某一个时间无法连续计数，这就是所谓的整周跳变现象，简称周跳。这时的瞬时测量值 $R(\varphi)$ 虽然仍是正确的，但是整周计数 $\mathrm{Int}(\varphi)$ 由于失去了在失锁期间载波相位变化的整周数，使其后的相位观测值均含有同样的整周误差。如果能够检测出在何时发生了整周跳变，并能求出丢失的整周数，就可以对中断后的整周计数进行修正，恢复其正确计数。

2. 整周跳变的探测与修正

只要接收机连续不断地跟踪卫星，接收机就可连续不断地记录跟踪期间载波相位的整周数的变化。如表 4-1 所示，接收机在不同时刻 t_i 对同一颗卫星进行相位观测，每 15 s 输出一个观测值，相邻观测值的变化可达数万周，因此难以发现几十周的跳变。如果在相邻观测值之间求一次差，就得到观测间隔内 $(t_i - t_{i-1})$ 卫星至接收机的距离之差，亦即卫星径向速度平均值 $\mathrm{d}\rho/\mathrm{d}t$ 与 $(t_i - t_{i-1})$ 的乘积。由于径向速度平均值变化比较缓慢，所以一次差的变化也就较小。如果在一次差间再求二次差，就得到卫星径向加速度平均值和观测间隔平方之乘积，其变化更缓慢。同理求至四次差时，$\mathrm{d}^4\rho/\mathrm{d}t^4$ 趋近于零，这时的差值主要是振荡器的随机误差，具有偶然误差特性。

表 4-1　载波相位观测值及其高次差值

历元	$\mathrm{Int}(\varphi)+F_r(\varphi)$	一次差	二次差	三次差	四次差
t_1	475 833.225 3				
		11 608.753 1			
t_2	487 441.978 4		399.814 0		
		12 008.567 1		2.507 2	
t_3	499 450.545 5		402.321 2		-0.579 5
		12 410.888 3		1.927 7	
t_4	511 861.433 8		404.248 9		0.963 9
		12 815.137 2		2.891 6	
t_5	524 746.571 0		407.140 5		-0.272 1
		13 222.277 7		2.619 2	
t_6	537 898.848 7		409.760 0		-0.421 9
		13 632.037 7		2.197 6	
t_7	551 530.886 4		411.957 6		
		14 043.995 3			
t_8	565 574.881 7				

在观测过程中如果出现了整周跳变，势必会破坏上述相应观测值的正常变化，高次差的随机特性也将受到破坏。通过求差有利于发现周跳。不过这种求高次差的方法难以检验只有几周的小周跳，因为振荡器本身就有可能造成两周左右的随机误差。

发现周跳后，可以根据前面或后面的正确观测值，利用高次差值公式外推观测值的正确整周计数，或者根据相邻的几个正确相位观测值，采用 n 阶多项式拟合的方法来推求整周计数的正确值，从而发现周跳并修正整周计数。

修正后的观测值中还可能有 1～2 周的小周跳未被发现。对 1～2 周的小周跳，可以利用最小二乘平差的改正数发现。将周跳看作是三差观测值中的粗差，用选权迭代法，在平差中对改正数大的观测值赋以较小的权，直至平差收敛，此时改正数大于 1 周的观测值即是周跳所在的位置及其量值。实际中，解决问题的根本途径还是提高对外业观测的要求，重视选机型、选点、组织观测等外业工作环节，进而人为地避免周跳的发生。

4.4.2　整周未知数的确定方法

整周未知数 N_0 的确定方法有很多，下面介绍几种常用方法。

1. 整周未知数的平差待定参数法

整周未知数的平差待定参数法，是把整周未知数 N_0 作为基线向量计算中的待定参数，在平差计算中与其他参数一并求解。

根据整周未知数在平差计算中解算结果的取值，有以下两种情况。

（1）整数解（固定解）

整周未知数从理论上讲应该是一个整数，然而实际中由于各种误差的影响，平差得到的整周未知数往往不是一个整数而是一个实数，此时将其固定为整数，并作为已知数代入原观测方程重新进行平差计算，求得基线向量的最后值。

（2）实数解（浮点解）

通过平差计算求得的整周未知数不再进行凑整和重新解算，这种方法一般用于基线较长的相对定位。

2. "动态"测量法

将接收机设置在两个已知点上进行短时间观测，利用已知的基线向量确定初始整周未知数。随后留一台接收机在已知点上（称为基准接收机），其余一台接收机（或若干台）依次迁往各待定点（称为流动接收机）。迁站过程中需保持对卫星的连续跟踪，迁站后与基准接收机进行同步观测。这时流动接收机在待定点上不需要再确定整周未知数，只需要进 1～2 min 的观测便可精确确定流动站与基准站之间的相对位置，从而完成静态相对定位。

3. 交换天线法

在某待定点上安置接收机天线作为固定点，并在其附近 5～10 m 处任意选择一个天线交换点，形成一个短基线。将两台接收机的天线分别安置于这两个点，对至少 4 颗相同的卫星进行同步观测，采集若干历元（1～2 min）的观测值。然后将两台接收机天线从三脚架上取下，在对卫星信号保持跟踪的情况下互换位置，继续同步观测若干历元。最后把天线恢复到原来位置，再同步观测若干历元。随后，基准接收机留在已知点上继续观测，流动接收机则可依次迁往待定点进行观测。对基线向量求解，进而求得整周未知数。由于整周未知数已经确定，所以在新的待定点定位时只需很短时间。

4. P 码双频扩波技术

P 码双频扩波技术的基本思路是：通过 L1 和 L2 载波相位观测量的线性组合，产生一种波长较长的组合波。通过对组合波相位观测量与 P 码相位观测量的综合处理，从而确定整周未知数。实践表明，利用 P 码双频接收机，只要观测一个历元，便可解算出整周未知数，之后增加的观测历元只是增加多余观测量。由此可知，这种方法可以实时地解算整周未知数，这对于提高快速定位功能、开拓其在动态相对定位中的作用，都具有重要的意义。

5. FARA 技术快速解算整周未知数

FARA 技术的基本思路是：以数理统计的参数估计和假设检验为基础，利用初次平差的解向量及其精度信息等平差提供的所有信息，确定在某一置信区间整周未知数解的组合，并依次将整周未知数的每一组合作为已知值，重复地进行平差计算，寻求能使估值的验后方差（或方差和）为最小的一组整周未知数，就是整周未知数的最佳估值。

4.5 GPS 绝对定位

4.5.1 静态绝对定位原理

接收机天线处于静止状态下确定观测站坐标的方法，称为静态绝对定位。这时接收机可以连续地在不同历元同步观测不同的卫星，测定卫星至观测站的伪距，获得充分的观测量，通过测后数据处理求得测站的绝对坐标。根据测定的伪距观测量的性质不同，静态绝对定位又可分为测码伪距静态绝对定位和测相伪距静态绝对定位。

1. 测码伪距静态绝对定位

（1）伪距观测方程的线性化

在伪距定位观测方程（4-7）中，有观测站坐标和接收机钟差 4 个未知数，令 $(X_0, Y_0, Z_0)^T$，$(\delta_x, \delta_y, \delta_z)^T$ 分别为观测站坐标的近似值与改正数，将式（4-7）展开成泰勒级数，并令

$$
\left.
\begin{aligned}
(\mathrm{d}\rho / \mathrm{d}x)_{x_0} &= (X_s^j - X_0) / \rho_0^j = l^j \\
(\mathrm{d}\rho / \mathrm{d}y)_{y_0} &= (X_s^j - Y_0) / \rho_0^j = m^j \\
(\mathrm{d}\rho / \mathrm{d}z)_{z_0} &= (Z_s^j - Z_0) / \rho_0^j = n^j
\end{aligned}
\right\}
\tag{4-20}
$$

式中，$\rho_0^j = \sqrt{(X_s^j - X_0)^2 + (Y_s^j - Y_0)^2 + (Z_s^j - Z_0)^2}$。取至一次微小项的情况下，伪距观测方程的线性化形式为

$$
\rho_0^j - (l^j \quad m^j \quad n^j) \begin{bmatrix} \delta_x \\ \delta_y \\ \delta_z \end{bmatrix} - c\delta_{t_k} = \rho'^j + \delta\rho_1^j + \delta\rho_2^j - c\delta_t^j
\tag{4-21}
$$

（2）伪距绝对定位的解算

在一历元 t_i 由测时站同步观测 4 颗卫星，即 j=1，2，3，4，式（4-21）为一方程组，方程组形式如下。

$$
\begin{bmatrix} \rho_0^1 \\ \rho_0^2 \\ \rho_0^3 \\ \rho_0^4 \end{bmatrix} - \begin{bmatrix} l^1 & m^1 & n^1 & -1 \\ l^2 & m^2 & n^2 & -1 \\ l^3 & m^3 & n^3 & -1 \\ l^4 & m^4 & n^4 & -1 \end{bmatrix} \begin{bmatrix} \delta_x \\ \delta_y \\ \delta_z \\ \delta_\rho \end{bmatrix} = \begin{bmatrix} \rho'^1 + \delta\rho_1^1 + \delta\rho_2^1 - c\delta_t^1 \\ \rho'^2 + \delta\rho_1^2 + \delta\rho_2^2 - c\delta_t^2 \\ \rho'^3 + \delta\rho_1^3 + \delta\rho_2^3 - c\delta_t^3 \\ \rho'^4 + \delta\rho_1^4 + \delta\rho_2^4 - c\delta_t^4 \end{bmatrix}
\tag{4-22}
$$

令

$$
\delta X = (\delta_x \quad \delta_y \quad \delta_z \quad \delta_\rho)^T
$$

$$
A_i = \begin{bmatrix} l^1 & m^1 & n^1 & -1 \\ l^2 & m^2 & n^2 & -1 \\ l^3 & m^3 & n^3 & -1 \\ l^4 & m^4 & n^4 & -1 \end{bmatrix} \quad L^j = \rho'^j + \delta\rho_1^j + \delta\rho_2^j + c\delta_t^j - \rho_0^j
$$

$$
L_i = (L^1 \quad L^2 \quad L^3 \quad L^4)^T
$$

式（4-22）可简写为

$$
A_i \delta X + L_i = 0
\tag{4-23}
$$

当同步观测的卫星数多于 4 颗时，需通过最小二乘平差求解，此时式（4-23）可写为误差方程组的形式，即

$$
V_i = A_i \delta X + L_i
\tag{4-24}
$$

根据最小二乘平差求解未知数

$$\delta X = -(A_i^{\mathrm{T}} A_i)^{-1}(A_i^{\mathrm{T}} L_i)$$

未知数中误差

$$M_x = \sigma_0 \sqrt{q_{ii}} \qquad\qquad (4-25)$$

式中：M_x——未知数中误差；

σ_0——伪距测量中误差；

q_{ii}——权系数矩阵 Q_x 主对角线的相应元素，其中

$$Q_x = (A_i^{\mathrm{T}} A_i)^{-1}$$

在静态绝对定位中，由于观测站固定不动，可以与不同历元同步观测不同的卫星，以 n 表示观测的历元数，忽略接收机钟差随时间变化的情况，由式（4-24）可得相应的误差方程组：

$$V = A\delta X + L$$

式中

$$V = (V_1 \quad V_2 \quad \cdots \quad V_n)^{\mathrm{T}}$$
$$A = (A_1 \quad A_2 \quad \cdots \quad A_n)^{\mathrm{T}}$$
$$L = (L_1 \quad L_2 \quad \cdots \quad L_n)^{\mathrm{T}}$$
$$\delta X = (\delta_x \quad \delta_y \quad \cdots \quad \delta_z \quad \delta_\rho)^{\mathrm{T}}$$

按最小二乘法求解得

$$\delta X = -(A^{\mathrm{T}} A)^{-1} A^{\mathrm{T}} L$$

未知数中误差仍按式（4-25）估算。

在观测的时间较长时，接收机钟差的变化往往不能忽略。此时可将钟差表示为多项式的形式，把多项式的系数作为未知数在平差计算中一并求解。也可以对不同观测历元引入不同的独立钟差参数，在平差计算中一起解算。

2. 测相伪距静态绝对定位

利用载波相位观测值进行静态绝对定位，其精度高于伪距静态绝对定位。在载波相位静态绝对定位中，应注意对观测值加入电离层、对流层等各项改正，防止和修复整周跳变，以提高定位精度。载波相位静态绝对定位解算的结果可以为相对定位的参考站（或基准站）提供较为精密的起始坐标。

4.5.2 动态绝对定位原理

将 GPS 用户接收机安装在载体上，并处于动态情况下确定载体的瞬时绝对位置的定位方法，称为动态绝对定位。一般而言，动态绝对定位被广泛应用于飞机、船舶、陆地车辆等运动载体的导航。另外，动态绝对定位在航空物探和卫星遥感领域也有着广阔的应用前景。

根据观测量的性质不同，动态绝对定位可以分为测码伪距动态绝对定位和测相伪距动态绝对定位。

1. 测码伪距动态绝对定位

在动态绝对定位的情况下，由于测站是运动的，所以获得的观测量很少，但为了获得实时定位结果，必须至少同步观测 4 颗卫星。

假设 GPS 接收机在测站 T_i 于某一历元同步观测 4 颗卫星（$j=1, 2, 3, 4$），令

$$R'_i(t) = \rho' + \delta\rho_1 + \delta\rho_2 - c\delta_t$$

则由式（4–21）可

$$\begin{bmatrix} R'_i(t) \\ R'_i(t) \\ R'_i(t) \\ R'_i(t) \end{bmatrix} = \begin{bmatrix} \rho_0^1 \\ \rho_0^2 \\ \rho_0^3 \\ \rho_0^4 \end{bmatrix} - \begin{bmatrix} l^1 & m^1 & n^1 & -1 \\ l^2 & m^2 & n^2 & -1 \\ l^3 & m^3 & n^3 & -1 \\ l^4 & m^4 & n^4 & -1 \end{bmatrix} \begin{bmatrix} \delta_x \\ \delta_y \\ \delta_z \\ \delta_\rho \end{bmatrix} = \begin{bmatrix} \rho'^1 + \delta\rho_1^1 + \delta\rho_2^1 - c\delta_t^1 \\ \rho'^2 + \delta\rho_1^2 + \delta\rho_2^2 - c\delta_t^2 \\ \rho'^3 + \delta\rho_1^3 + \delta\rho_2^3 - c\delta_t^3 \\ \rho'^4 + \delta\rho_1^4 + \delta\rho_2^4 - c\delta_t^4 \end{bmatrix} \qquad (4-26)$$

或者写为

$$A_i(t)\delta X_i + L_i(t) = \mathbf{0} \qquad (4-27)$$

此时没有多余观测量，直接解此方程组得

$$\delta X_i = -A_i(t)^{-1} L_i(t) \qquad (4-28)$$

很明显，当观测卫星数多于 4 颗时，观测量的个数超过待求参数的个数，此时要利用最小二乘平差求解。将式（4–27）写成误差方程的形式：

$$V_i(t) = A_i(t)\delta X_i + L_i(t)$$

根据最小二乘平差求解未知数，解方程得

$$\delta X_i = -[A_i^{\mathrm{T}}(t)A_i(t)]^{-1}[A_i^{\mathrm{T}}(t)L_i(t)] \qquad (4-29)$$

未知数中误差（即解的精度）为

$$M_x = \sigma_0 \sqrt{q_{ii}} \qquad (4-30)$$

上述测码伪距动态绝对定位模型［式（4–28）、式（4–29）］，已被广泛应用于实时动态单点定位。这里在解算载体位置时，不是直接求出它的三维坐标，而是求各个坐标分量的修正分量，也就是给定用户的三维坐标初始值，求解三维坐标的改正数。在解算运动载体的实时点位时，前一个点的点位坐标可作为后续点位的初始坐标值。

2. 相测伪距动态绝对定位

与测码伪距观测方程相比，载波相位观测方程仅多了一个整周未知数，其余各项均相同。但是，正是由于观测方程中存在整周未知数，所以在 t 时刻，在 i 个测站同步观测 n^j 个卫星，可列 n^j 个观测方程，方程存在 $4+n^j$ 个未知数，因而难以利用载波相位进行实时定位。不过只要保持接收机对卫星的连续跟踪，则整周未知数 $N_i^j(t_0)$ 就是一个不变的值。因此，只要通过一个初始化过程求出整周未知数 $N_i^j(t_0)$，且 GPS 接收机在载体运动过程中保持对卫星信号的连续跟踪，则仍可用于 GPS 动态绝对定位，且精度优于测码伪距动态定位。但是，卫星的连续跟踪是较为困难的，所以动态绝对定位中主要采用测码伪距定位。

4.5.3　绝对定位精度的评价

从式（4–30）中可以看出，单点定位的定位精度除了与观测量的精度（σ_0）有关之外，还取决于观测矢量的方向余弦所构成的权系数阵，即在地面点一定的情况下，与所观测的卫星的空间几何分布有关。因此，在 GPS 观测处理时，应对观测卫星进行选择。

绝对定位的权系数阵 $Q_x = (A_i^{\mathrm{T}}A_i)^{-1}$，其在空间直角坐标系中的一般形式为

$$Q_x = \begin{bmatrix} q_{11} & q_{12} & q_{13} & q_{14} \\ q_{21} & q_{22} & q_{23} & q_{24} \\ q_{31} & q_{32} & q_{33} & q_{34} \\ q_{41} & q_{42} & q_{43} & q_{44} \end{bmatrix}$$

应用中，为了估算测站点的位置精度，常采用其在大地坐标系中的表达形式。假设大地坐标系中的测站点坐标的权系数阵为

$$Q_B = \begin{bmatrix} g_{11} & g_{12} & g_{13} \\ g_{21} & g_{22} & g_{23} \\ g_{31} & g_{32} & g_{33} \end{bmatrix}$$

根据方差与协方差传播定律可得

$$Q_B = RQ_x R^T$$

式中

$$R = \begin{bmatrix} -\sin B \cos L & -\sin B \sin L & \cos B \\ -\sin L & \cos L & 0 \\ \cos B \cos L & \cos B \cos L & \sin B \end{bmatrix}$$

$$Q_x = \begin{bmatrix} q_{11} & q_{12} & q_{13} \\ q_{21} & q_{22} & q_{23} \\ q_{31} & q_{32} & q_{33} \end{bmatrix}$$

其中，R 是由协议地球坐标系到大地坐标系的坐标转换矩阵，Q_x 为位置改正数权系数矩阵。

为了评价定位的结果，在导航学中一般采用精度衰减因子（DOP）来评价实时定位的精度。位置解的精度 M_x 由下式定义：

$$M_x = \sigma_0 \cdot DOP \tag{4-31}$$

式中，σ_0 是伪距测量中误差。

在实际应用中的精度衰减因子通常有以下几种。

① 平面位置精度衰减因子（HDOP）及相应的平面位置精度。

$$HDOP = \sqrt{(g_{11} + g_{22})}$$
$$m_H = \sigma_0 \cdot HDOP \tag{4-32}$$

② 高程精度衰减因子（VDOP）及相应的高程精度。

$$VDOP = \sqrt{g_{33}}$$
$$m_V = \sigma_0 \cdot VDOP \tag{4-33}$$

③ 空间位置精度衰减因子（PDOP）及相应的空间位置精度。

$$PDOP = \sqrt{g_{11} + g_{22} + g_{33}}$$
$$m_P = \sigma_0 \cdot PDOP \tag{4-34}$$

④ 接收机钟差精度衰减因子（TDOP）及相应的钟差精度。

$$TDOP = \sqrt{g_{44}}$$
$$m_T = \sigma_0 \cdot TDOP \tag{4-35}$$

⑤ 几何精度衰减因子（GDOP）：描述三维空间位置误差和时间误差综合影响的精度衰减因子。

$$\text{GDOP} = \sqrt{g_{11} + g_{22} + g_{33} + g_{44}} = \sqrt{\text{PDOP}^2 + \text{TDOP}^2}$$

相应的中误差为

$$m_G = \sigma_0 \cdot \text{GDOP} \tag{4-36}$$

比较式（4-30）和式（4-31），可见 DOP 是权系数矩阵 $\boldsymbol{Q}_x$ 主对角线元素的函数。因此，DOP 的数值与所测卫星的几何分布图形有关。

4.6 GPS 相对定位

4.6.1 相对定位原理概述

相对定位是指用两台 GPS 接收机，分别安置在基线的两端，同步观测相同的卫星，通过两测站同步采集 GPS 数据，经过数据处理以确定基线两端点的相对位置或基线向量，如图 4-4 所示。这种方法可以推广到多台 GPS 接收机安置在若干条基线的端点，通过同步观测相同的 GPS 卫星，以确定多条基线向量。相对定位中，需要多个测站中至少以一个测站的坐标值作为基准，利用观测出的基线向量，去求解其他各站点的坐标值。

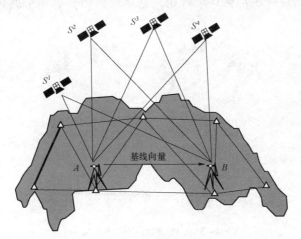

图 4-4　GPS 相对定位

在相对定位中，在两个或多个观测站同步观测同组卫星的情况下，卫星的轨道误差钟差、接收机钟差及大气层延迟误差对观测量的影响具有一定的相关性。利用这些观测量的不同组合，按照测站、卫星、历元三种要素来求差，可以大大削弱有关误差的影响，提高相对定位精度。

根据定位过程中接收机所处的状态不同，相对定位可分为静态相对定位和动态相对定位（或称差分 GPS 定位）。

4.6.2 静态相对定位原理

设置在基线两端点的接收机相对于周围的参照物固定不动，通过连续观测获得充分多的观测数据，解算基线向量，称为静态相对定位。静态相对定位，一般均采用测相伪距观测值作为基本观测量。测相伪距静态相对定位是当前 GPS 定位中精度最高的一种方法。在测相伪距观测的数据处理中，为了可靠地确定载波相位的整周未知数，静态相对定位一般需要长的观测时间（1.0～3.0 h），称为经典静态相对定位。

可见，经典静态相对定位的测量效率较低。如何缩短观测时间，以提高作业效率便成为广大 GPS 用户普遍关注的问题。理论与实践证明，在测相伪距观测中，首要问题是如何快速而精确地确定整周未知数。在整周未知数确定的情况下，随着观测时间的延长，相对定位的精度不会显著提高。因此，提高定位效率的关键是快速而可靠地确定整周未知数。

为此，美国的 Remondi 提出了快速静态定位方法。其基本思路是：先利用起始基线确定初始整周模糊度（初始化），再利用一台 GPS 接收机在基准站（T_0）静止不动地对一组卫星进行连续的观测，而另一台接收机在基准站附近的多个站点（T_i）上流动，每到一个站点则停下来进行静态观测，以便确定流动站与基准站之间的相对位置，这种"走走停停"的方法称为准动态相对定位。其观测效率比经典静态相对定位方法要高，但是流动站的 GPS 接收机必须保持对观测卫星的连续跟踪，一旦发生失锁，便需要重新进行初始化工作。下面讨论静态相对定位的基本原理。

假设安置在基线端点的 GPS 接收机 T_i（$i=1$，2），相对于卫星 S^j 和 S^k，于历元 t_i（$i=1$，2）进行同步观测（见图 4-5），则可获得以下独立的载波相位观测量：

$$\varphi_1^j(t_1),\ \varphi_1^j(t_2),\ \varphi_1^k(t_1),\ \varphi_1^k(t_2),\ \varphi_2^j(t_1),\ \varphi_2^j(t_2),\ \varphi_2^k(t_1),\ \varphi_2^k(t_2)$$

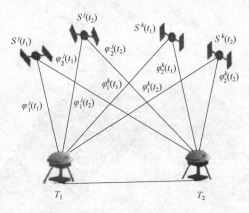

图 4-5 GPS 相对定位的观测量

在静态相对定位中，利用这些观测量的不同组合求差进行相对定位，可以有效地消除观测量中包含的相关误差，提高相对定位精度。目前的求差方式有 3 种：单差、双差、三差，具体如下。

① 单差。不同观测站同步观测同一颗卫星所得观测量之差。

$$\text{SD}_{12}^j(t_1)=\varphi_2^j(t_i)-\varphi_1^j(t_i) \tag{4-37}$$

② 双差。不同观测站同步观测同组卫星所得的观测量单差之差。

$$\text{DD}_{12}^{jk}(t_i)=\text{SD}_{12}^k(t_i)-\text{SD}_{12}^j(t_i)=\varphi_2^k(t_i)-\varphi_1^k(t_i)-\varphi_2^j(t_i)+\varphi_1^j(t_i) \tag{4-38}$$

③ 三差。不同历元同步观测同组卫星所得的观测量双差之差。

$$TD_{12}^{jk}(t_i, t_{i+1}) = DD_{12}^{jk}(t_{i+1}) - DD_{12}^{jk}(t_i)$$

$$= [SD_{12}^k(t_{i+1}) - SD_{12}^j(t_{i+1})] - [SD_{12}^k(t_i) - SD_{12}^j(t_i)]$$

$$= \{[\varphi_2^k(t_{i+1}) - \varphi_1^k(t_{i+1})] - [\varphi_2^j(t_{i+1}) - \varphi_1^j(t_{i+1})]\} -$$

$$\{[\varphi_2^k(t_i) - \varphi_1^k(t_i)] - [\varphi_2^j(t_i) - \varphi_1^j(t_i)]\}$$

（4－39）

4.6.3　准动态相对定位法

准动态相对定位法是将一台 GPS 接收机固定在基准站不动，而另一台接收机在其周围的观测站流动，在每个流动站静止观测几分钟，以确定流动站与基准站之间的相对位置。准动态相对定位的数据处理是以载波相位观测量为依据的，其中的整周未知数在初始化中已经预先解算出来。因此，准动态相对定位可以在非常短的时间内获得与经典静态相对定位精度相当的定位结果。

该方法是基于在保持对卫星连续跟踪的条件下整周未知数不变这一基本事实的，在作业过程中，首先采用某种方式快速确定整周未知数，并在随后的迁站过程中继续保持对卫星的连续跟踪，当接收机到达新的测站后就不再需要确定整周未知数，这样在新点上只需进行 1～2 min 的观测即可实现定位。该方法通常采用相对定位的作业模式，可采用交换天线法来确定整周未知数，或者当有已知点时，将两台接收机分别置于已知点上进行短时间观测。该方法通常采用相对定位的作业模式，可采用交换天线法来确定整周未知数，或者当有已知点时，将两台接收机分别置于已知点上进行短时间观测，利用已知坐标便可正确解算出整周未知数。

整周未知数一旦确定，可将一台接收机设置在已知点上进行连续静态观测，另一台接收机按预定计划，在保持对卫星连续跟踪的条件下，依次迁往各待定点（流动站），由于此时整周未知数不变且为已知值，因此在每个待定的流动站上只需观测 1～2 min，就可实现厘米级精度的定位。准动态相对定位的关键是迁站过程中必须保持对卫星的连续跟踪，因此该方法只适应于开阔的地区，如草原、沙漠、大平原等，而在山区、城区、树林等区域却不适用。因为信号一旦失锁，在附近又找不到两个可用的已知点来重新确定整周未知数，而且将两台接收机调到一起，重新交换天线，也将使作业效率大大降低。正因为如此，用该方法进行作业不够方便，因而也严重限制了该方法的应用。

 复习题

1. 简述 GPS 定位方法的分类。
2. 简述 GPS 伪距测量的方法。
3. 简述 GPS 载波相位测量的基本原理。
4. 整周未知数确定的方法有哪些？
5. 简述 GPS 绝对定位的原理。
6. 简述 GPS 相对定位的原理。

第5章　GPS测量的误差来源及其影响

本章导读

本章主要介绍了 GPS 测量中产生误差的来源及分类，并在对误差进行分析的基础上提出消除和减弱各项误差影响的方法和措施。

5.1　GPS 测量主要误差分类

GPS 测量通过地面接收设备接收卫星传送的信息来确定地面点的三维坐标。测量结果的误差主要来源于 GPS 卫星、卫星信号的传播过程和地面接收设备。在高精度的 GPS 测量中（如地球动力学研究），还应注意到与地球整体运动有关的地球潮汐、负荷潮及相对论效应等的影响。表 5-1 给出了 GPS 测量的误差分类及各项误差对距离测量的影响。

表 5-1　GPS 测量的误差分类及各项误差对距离测量的影响

误差来源		对距离测量的影响/m
卫星部分	① 卫星的星历误差；② 卫星钟的钟误差；③ 相对论效应	1.5～15
信号传播	① 电离层折射；② 对流层折射；③ 多路径效应	1.5～15
信号接收	① 接收机钟误差；② 接收机位置误差；③ 天线相位中心位置变化误差	1.5～5
其他影响	① 地球潮汐；② 负荷潮	1.0

上述误差，按误差性质可分为系统误差与偶然误差两类。偶然误差主要包括信号的多路径效应，系统误差主要包括卫星的星历误差、卫星钟的钟误差、接收机钟误差等。其中系统误差无论是误差的大小还是对定位结果的危害性，都比偶然误差要大得多，它是 GPS 测量的主要误差源。下面分别介绍 GPS 测量中信号传播、卫星本身及信号接收等误差对定位的影响及其处理方法。

5.2　与信号传播有关的误差

与信号传播有关的误差有电离层折射误差、对流层折射误差及多路径效应误差。

5.2.1　电离层折射

1. 电离层的定义

所谓电离层，是指地球上空距地面高度在 50～1 000 km 之间的大气层。电离层中的气体分子由于受到太阳等天体各种射线辐射，产生强烈的电离，形成大量的自由电子和正离子。

当 GPS 信号通过电离层时，如同其他电磁波一样，信号的路径会发生弯曲，传播速度也会发生变化。所以用信号的传播时间乘以真空中的光速得到的距离就不会等于卫星至接收机的几何距离，这种偏差叫电离层折射误差。

电离层含有较高密度的电子，它属于弥散性介质，电磁波在这种介质内传播时，其速度与频率有关。理论证明，电离层的群折射率（n_G）和群速（v_G）分别为

$$n_G = 1 + 40.28 N_e f^{-2} \tag{5-1}$$

$$v_G = \frac{c}{n_G} = c(1 - 40.28 N_e f^{-2}) \tag{5-2}$$

式中，N_e 为电子密度（电子数/m³）；f 为信号的频率（Hz）；c 为真空中的光速。

进行伪距测量时，调制码就是以群速 v_g 在电离层中传播的。若伪距测量中测得信号的传播时间为 Δt，那么卫星至接收机的真正距离 S 为

$$S = \int_{\Delta t} v_G \, \mathrm{d}t = \int_{\Delta t} c(1 - 40.28 N_e f^{-2}) \, \mathrm{d}t = c \times \Delta t - c \frac{40.28}{f^2} \int_{S'} N_e \mathrm{d}s = \rho - c \frac{40.28}{f^2} \int_{S'} N_e \mathrm{d}S = \rho + d_{\mathrm{ion}} \tag{5-3}$$

上式说明根据信号传播时间 Δt 和光速 c 算得的距离 $\rho = c \cdot \Delta t$ 中还须加上电离层改正项：

$$d_{\mathrm{ion}} = -c \frac{40.28}{f^2} \int_{S'} N_e \mathrm{d}S \tag{5-4}$$

才等于正确的距离 S。

式（5-4）的积分 $\int_{S'} N_e \mathrm{d}S$ 表示沿着信号传播路径 S' 对电子密度 N_e 进行积分，即电子总量。可见，电离层改正的大小主要取决于电子总量和信号频率。载波相位测量时的电离层折射改正和伪距测量时的改正数大小相同，符号相反。对于 GPS 信号来讲，这种距离改正在天顶方向最大可达 50 m，在接近地平方向时（高度角为 20°）则可达 150 m，因此必须仔细地加以改正，否则会严重损害观测值的精度。

2. 减弱电离层影响的措施

（1）利用双频观测

电磁波通过电离层所产生的折射改正数与电磁波频率 f 的平方成反比。如果分别用两个频率 f_1 和 f_2 来发射卫星信号，这两个不同频率的信号就将沿着同一路径到达接收机。积分 $\int_{S'} N_e \mathrm{d}S$ 的值虽然无法准确知道，但对这两个不同频率来讲都是相同的。若令 $-c \cdot 40.28 \int_{S'} N_e \mathrm{d}S = A$，则 $d_{\mathrm{ion}} = \dfrac{A}{f^2}$。

GPS 卫星采用两个载波频率，其中 $f_1 = 1\,575.42\ \mathrm{MHz}$，$f_2 = 1\,227.60\ \mathrm{MHz}$，将调在这两个载波上的 P 码分别称为 P_1 和 P_2，于是由式（5-3）得

$$\begin{cases} S = \rho_1 + A/f_1^2 \\ S = \rho_2 + A/f_2^2 \end{cases} \tag{5-5}$$

将两式相减有

$$\Delta \rho = \rho_1 - \rho_2 = \frac{A}{f_2^2} - \frac{A}{f_1^2} = \frac{A}{f_1^2}\left(\frac{f_1^2 - f_2^2}{f_2^2}\right)$$

$$= d_{\text{ion1}} \cdot \left[\left(\frac{f_1}{f_2}\right)^2 - 1\right] = 0.646\,9\,d_{\text{ion1}} \qquad (5-6)$$

所以有

$$\begin{cases} d_{\text{ion1}} = 1.545\,73(\rho_1 - \rho_2) \\ d_{\text{ion2}} = 2.545\,73(\rho_1 - \rho_2) \end{cases} \qquad (5-7)$$

由于用调制在两个载波上的 P 码测距时，除电离层折射的影响不同外，其余误差影都是相同的，所以 $\Delta \rho$ 实际上就是用 P_1 码和 P_2 码测得的伪距之差，即 $\Delta \rho = (\tilde{\rho}_1 - \tilde{\rho}_2)$，所以若用户采用双频接收机进行伪距测量，就能利用电离层折射和信号频率有关的特性从两个伪距观测值中求得电离层折射改正量，最后得

$$\begin{cases} S + \rho_1 + d_{\text{ion1}} = \rho_1 + 1.545\,73\Delta \rho = \rho_1 + 1.545\,73(\tilde{\rho}_1 - \tilde{\rho}_2) \\ S + \rho_2 + d_{\text{ion2}} = \rho_2 + 2.545\,73\Delta \rho = \rho_2 + 2.545\,73(\tilde{\rho}_1 - \tilde{\rho}_2) \end{cases} \qquad (5-8)$$

双频载波相位测量观测值 φ_1 和 φ_2 的电离层折射改正与上述分析方法相似，但和伪距测量的改正有两点不同：一是电离层折射改正的符号相反；二是要引入整周未知数 N_0。

（2）利用电离层改正模型加以修正

目前，为了进行高精度卫星导航和定位，普遍采用双频技术，可有效地减弱电离层折射的影响，但在电子含量很大、卫星的高度角又较小时求得的电离层延迟改正中误差有可能达几厘米。为了满足更高精度 GPS 测量的需要，Fritzk、Brunner 等人提出了电离层延迟改正模型（见图 5-1）。该模型考虑了折射率 n 中的高阶项影响及地磁场的影响，并且是沿着信号传播路径来进行积分。计算结果表明，无论在何种情况下改进模型的精度均优于 2 mm。

对于 GPS 单频接收机，减弱电离层影响，一般采用导航电文提供的电离层模型加以改正。

这种模型是把白天的电离层延迟看成是余弦波中正的部分，而把晚上的电离层延迟看成是一个常数，如图 5-1 所示，其中晚间的电离层延迟量（DC）及余弦波的相位项（T_p）均按常数来处理。而余弦波的振幅 A 和周期 P 则分别用一个三阶多项式来表示，即任一时刻 t 的电离层延迟 T_g 为

$$T_g = \text{DC} + A\cos\frac{2\pi}{P}(t - T_p) \qquad (5-9)$$

式中，$\text{DC} = 5\text{ ns}; T_p = 14\text{ h}$（地方时）；而

$$\begin{cases} A = \sum_{n=0}^{3} \alpha_n \varphi_m \\ P = \sum_{n=0}^{3} \beta_n \varphi \end{cases} \qquad (5-10)$$

其中，α_n 和 β_n 是主控站根据一年中的第 n 天（共有 37 组反映季节变化的常数）和前 5 天太阳的平均辐射流量（共有 10 组数）总计 370 组常数进行选择的，α_n 和 β_n 被编入导航电文向单频用户传播；其他量为：

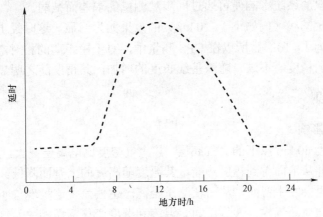

图 5-1　电离层改正模型

$$\begin{cases} t = \text{UT} + \dfrac{\lambda_P'}{15} \\ \varphi_m = \varphi_P' + 11.6\cos(\lambda_P' - 291°) \end{cases} \qquad (5-11)$$

式中，UT 为观测时刻的世界时；φ_P' 和 λ_P' 分别为 P' 的地心经、纬度。

若令 $X = \dfrac{2\pi}{P}(t - t_P)$，将 $\cos x = 1 - \dfrac{x^2}{2} + \dfrac{x^4}{24}$ 代入式（5-9），最后可得实用公式：

$$T_g = \begin{cases} \text{DC}, & |X| \geqslant \dfrac{\pi}{2} \\ \text{DC} + A\left(1 - \dfrac{x^2}{2} + \dfrac{x^4}{24}\right), & |X| < \dfrac{\pi}{2} \end{cases} \qquad (5-12)$$

利用式（5-12）求得的 T_g 是信号从天顶方向来时的电离层延迟。当卫星的天顶距不等于零时，电离层延迟 T_g' 显然应为天顶方向的电离层 T_g 的 $1/\cos Z$，即

$$T_g' = (1/\cos Z) \cdot T_g = \text{SF} \cdot T_g \qquad (5-13)$$

式中，

$$\text{SF} = 1 + 2\left(\dfrac{96° - E}{90°}\right)^3 \qquad (5-14)$$

其中，E 为卫星的高度角。

上述公式在推导过程中均做了近似处理，计算较为简便。估算结果表明，上述近似不会损害结果的精度。但由于影响电离层折射的因素很多，机制又较复杂，所以无法建立严格的数学模型。从系数 α_i 和 β_i 的选取方法知，上面介绍的电离层改正模型基本上是一种经验估算公式。加之全球统一采用一组系数，因而这种模型只能大体上反映全球的平均状况，与各地的实际情况必然会有一定的差异。实测资料表明，采用上述改正模型可消除约 75% 的电离层折射。

（3）利用同步观测值求差

用两台接收机在基线的两端进行同步观测并取其观测量之差，可以减弱电离层折射影响。这是因为当两观测站相距不太远时，由于卫星至两观测站电磁波传播路径上的大气状况极为

相似，因此大气状况的系统影响便可通过同步观测量的求差而减弱。

这种方法对于短基线（例如小于 20 km）的效果尤为明显，这时经电离层折射改正后基线长度的残差一般为 $1×10^{-6}$。所以在 GPS 测量中，对于短距离的相对定位，使用单频接收机也可达到相当高的精度。不过，随着基线长度的增加，其精度随之明显降低。

5.2.2 对流层折射

1. 对流层及其影响

对流层是高度为 40 km 以下的大气底层，其大气密度比电离层更大，大气状态也更复杂。对流层与地面接触并从地面得到辐射热能，其温度随高度的上升而降低。GPS 信号通过对流层时，传播的路径也会发生弯曲，从而使测量距离产生偏差，这种现象叫做对流层折射。

对流层的折射与地面气候、大气压力、温度和湿度变化密切相关，这也使得对流层折射比电离层折射更复杂。对流层折射的影响与信号的高度角有关，当在天顶方向（高度角为 90°）时，其影响达 2.3 m；在地面方向（高度角为 10°）时，其影响可达 20 m。

2. 对流层折射的改正模型

由于对流层折射对 GPS 信号传播的影响情况比较复杂，一般采用改正模型进行削弱。下面介绍三个主要的改正模型。

（1）霍普菲尔德（Hopfield）公式

$$\Delta S = \Delta S_{\mathrm{d}} + \Delta S_{\mathrm{m}} = \frac{K_{\mathrm{d}}}{\sin(E^2 + 6.25)^{1/2}} + \frac{K_{\mathrm{ic}}}{\sin(E^2 + 2.25)^{1/2}} \qquad (5-15)$$

式中，E 为卫星的高度角，以（°）为单位；ΔS 为对流层折射改正值，以 m 为单位；

$$\left.\begin{aligned} K_{\mathrm{d}} &= 77.6 \cdot \frac{P_{\mathrm{s}}}{T_{\mathrm{s}}} \cdot \frac{1}{5}(h_{\mathrm{d}} - h_{\mathrm{s}}) \cdot 10^{-6} = 155.2 \cdot 10^{-7} \frac{P_{\mathrm{s}}}{T_{\mathrm{s}}} \cdot (h_{\mathrm{d}} - h_{\mathrm{s}}) \\ K_{\mathrm{ic}} &= 77.6 \cdot \frac{e_{\mathrm{s}}}{T_{\mathrm{s}}^2} \cdot \frac{1}{5}(h_{\mathrm{ic}} - h_{\mathrm{s}}) \cdot 10^{-6} = 155.2 \cdot 10^{-7} \frac{4\,810}{T_{\mathrm{s}}^2} e_{\mathrm{s}}(h_{\mathrm{ic}} - h_{\mathrm{s}}) \\ h_{\mathrm{d}} &= 40\,136 + 148.72(T_{\mathrm{s}} - 273.16) \\ h_{\mathrm{ic}} &= 11\,000 \end{aligned}\right\} \qquad (5-16)$$

其中，T_{s} 为测站的热力学温度，以 K 为单位；P_{s} 为测站的气压，以 mbar（1 mbr=100 Pa）为单位；e_{s} 为测站的水汽压，以 mbar 为单位；h_{s} 为测站的高程，以 m 为单位；h_{d} 为对流层外边缘的高度，以 m 为单位。

（2）萨斯塔莫宁（Saastamoinen）公式

$$\Delta S = \frac{0.002\,277}{\sin E'}\left[P_{\mathrm{s}} + \left(\frac{1\,255}{T_{\mathrm{s}}} + 0.05\right)e_{\mathrm{s}} - \frac{a}{\tan^2 E'}\right] \qquad (5-17)$$

式中，

$$E' = E + \Delta E$$

$$\Delta E = \frac{16.00''}{T_{\mathrm{s}}}\left(P_{\mathrm{s}} + \frac{4\,810e_{\mathrm{s}}}{T_{\mathrm{s}}}\right)\cot E$$

$$a = 1.16 - 0.15 \times 10^{-3}h_{\mathrm{s}} + 0.716 \times 10^{-8}h_{\mathrm{s}}^2$$

（3）勃兰克（Black）公式

$$\Delta S = K_d \left[\sqrt{1 - \left[\frac{\cos E}{1 + (1 - l_0) h_d / r_s} \right]^2} - b(E) \right] + K_{ic} \left[\sqrt{1 - \left[\frac{\cos E}{1 + (1 - l_0) h_{ic} / r_s} \right]^2} - b(E) \right]$$

$$(5-18)$$

式中，E 意义同前；r_s 为测站的地心半径；参数 l_0 和路径弯曲改正 $b(E)$ 用下式确定：

$$\begin{cases} l_0 = 0.833 + [0.076 + 0.000\,15(T - 273)]^{-0.3E} \\ b(E) = 1.92(E^2 + 0.6)^{-1} \end{cases}$$

$$(5-19)$$

式（5-18）中的 h_d、h_{ic}、K_d、K_{ic} 含义均同前，但按下列公式计算：

$$\begin{cases} h_d = 148.98(T_s - 3.96) \\ h_{ic} = 13\,000 \\ K_d = 0.002\,312(T_s - 3.96)\dfrac{P_s}{T_s} \\ K_{ic} = 0.20 \end{cases}$$

$$(5-20)$$

用同一套气象数据，上述各种改正模型求得的天顶方向的对流层延迟的相互较差，一般仅为几个毫米。

理论分析与实践表明，目前采用的各种对流层模型难以将对流层折射的影响减少至 92%～95%。

3. 减弱对流层折射影响的主要措施

① 采用上述对流层模型加以改正，其气象参数在测站直接测定。

② 引入描述对流层影响的附加待估参数，在数据处理中一并求得。

③ 利用同步观测量求差。当两个观测站相距不太远时（例如＜20 km），由于信号通过对流层的路径相似，所以对同一卫星的同步观测值求差，可以明显地减弱对流层折射的影响。因此，这一方法在精密相对定位中被广泛应用。但是，随着同步观测站之间距离的增大，求差法的有效性也将随之降低。当距离＞100 km 时，对流层折射的影响就会制约 GPS 定位精度的提高。

④ 利用水汽辐射计直接测定信号传播的影响。此法求得的对流层折射湿分量的精度可优于 1 cm。

5.2.3　多路径误差

在 GPS 测量中，如果测站周围的反射物所反射的卫星信号（反射波）进入接收机天线，就会和直接来自卫星的信号（直接波）产生干涉，从而使观测值偏离真值，产生所谓的多路径误差。这种由于多路径的信号传播所引起的干涉时延效应被称为多路径效应。

多路径效应是 GPS 测量中一种重要的误差源，它严重损害 GPS 测量的精度，严重时还会引起信号的失锁。下面简要介绍产生多路径效应的原因，以及实际工作中如何避免或减弱这些误差。

1. 反射波

GPS 天线接收到的信号是直接波和反射波产生干涉后的组合信号。假设天线 A 同时收到来自卫星的直接信号 S 和经地面反射后的反射信号 S'。这两种信号所经过的路径长度不同，反射信号多经过的路径长度称为程差，用 Δ 表示，

$$\Delta = \frac{H}{\sin z}(1 - \cos 2z) = 2H \sin z \qquad (5-21)$$

式中，H 为天线离地面的高度。

反射波和直接波之间的相位延迟 θ 为

$$\theta = \Delta \cdot \frac{2\pi}{\lambda} = 4\pi H \sin \frac{z}{\lambda} \qquad (5-22)$$

式中，λ 为载波的波长。

由于反射波的一部分能量被反射面吸收，而且 GPS 接收天线为右旋圆极化结构，也会抑制反射波的功能，所以反射波除了存在相位延迟外，信号强度一般也会减弱。

表 5-2 给出了不同反射物面对频率为 2 GHz 的微波信号的反射系数 (a)。

表 5-2 反射系数情况

水面		稻田		野地		森林、山地	
a	损耗/dB	a	损耗/dB	a	损耗/dB	a	损耗/dB
1.0	0	0.8	2	0.6	4	0.3	10

2. 载波相位测量中的多路径误差

设直接波信号为

$$S_d = U \cos \omega t \qquad (5-23)$$

式中，U 为信号电压；ω 为载波的角频率。

反射信号的数字表达式为

$$S_r = aU \cos(\omega t + \theta) \qquad (5-24)$$

反射信号和直接信号叠加后被接收机天线接收，所以天线实际接收的信号为

$$S = \beta U \cos(\omega t + \varphi) \qquad (5-25)$$

式中，

$$\beta = (1 + 2a\cos\theta + a^2)^{1/2}, \quad \varphi = \arctan[a\sin\theta/(1+a\cos\theta)]$$

其中 φ 为载波相位测量中的多路径误差。

对 φ 求导数并令其等于零：

$$\frac{d\varphi}{d\theta} = \frac{1}{1 + \left(\dfrac{a\sin\theta}{1+a\cos\theta}\right)} \cdot \frac{(1+a\cos\theta) \cdot a\cos\theta + a^2 \sin^2\theta}{(1+a\cos\theta)^2} =$$

$$\frac{a\cos\theta + a^2}{(1+a\cos\theta)(1+a\cos\theta+a\sin\theta)} = 0 \qquad (5-26)$$

当 $\theta = \pm\arccos(-a)$ 时，多路径误差 φ 有极大值：

$$\varphi_{\max} = \pm \arcsin a \qquad\qquad (5-27)$$

可以看出，L1 载波相位测量中多路径误差的最大值为 4.8 cm，L2 载波则为 6.1 cm。实际上可能会有多个反射信号同时进入接收机天线，此时的多路径误差为

$$\varphi = \arctan \left(\frac{\sum_{i=1}^{n} a_i \sin \theta_i}{1 + \sum_{i=1}^{n} a_i \cos \theta_i} \right)$$

可见，多路径效应对伪距测量比载波相位测量的影响要严重得多。实践表明，多路径误差对 P 码的影响可达 10 m 以上。

3. 削弱多路径误差的措施

（1）选择合适的站址

多路径误差不仅与卫星信号方向和反射系数有关，而且与反射物离测站的远近有关，至今无法建立改正模型，只有采用以下措施来削弱。

① 测站应远离大面积平静的水面。灌木丛、草和其他地面植被能较好地吸收微波信号的能量，是较为理想的设站地址。翻耕后的土地和其他粗糙不平的地面的反射能力也较差，也可选站。

② 测站不宜选择在山坡、山谷和盆地中，以避免反射信号从天线抑径板上方进入天线，产生多路径误差。

③ 测站应离开高层建筑物。

（2）对接收机天线的要求

① 在天线中设置抑径板是为了减弱多路径误差，接收机天线下应配置抑径板。抑径板的半径 r、截止高度角 $Z_{限}$ 和抑径板高度 h 之间的关系为

$$r = h / \sin Z_{限}$$

若接收机天线相位中心至抑径板的高度 $h = 70 \text{mm}$，截止高度角 $Z_{限} = 15°$，则抑径板的半径 r 必须大于或等于 $70 \text{ mm} / \sin 15° = 27 \text{ cm}$。

② 接收机天线对于极化特性不同的反射信号应该有较强的抑制作用。

由于多路径误差 (φ) 是时间的函数，所以在静态定位中经过较长时间的观测后，多路径误差的影响可大大削弱。

5.3　与卫星有关的误差

与卫星有关的误差有卫星的星历误差、卫星钟的钟误差及相对论效应，下面主要介绍前两种误差。

5.3.1　卫星的星历误差

由星历所给出的卫星在空间的位置与实际位置之差称为卫星的星历误差。由于卫星在运行中要受到多种摄动力的复杂影响，而通过地面监测站又难以充分可靠地测定这些作用力并掌握它们的作用规律，因此在星历预报时会产生较大的误差。在一个观测时间段内，星历误差属于系统误差，是一种起算数据误差，它将严重影响单点定位的精度，也是精密相对定位

中的重要误差源。

1. 星历数据来源

卫星星历的数据来源有广播星历和实测星历两类。

（1）广播星历

广播星历是卫星电文中所携带的主要信息。它是根据美国 GPS 控制中心跟踪站的观测数据进行外推，通过 GPS 卫星发播的一种预报星历。由于我们不能充分了解作用在卫星上的各种摄动因素的大小及变化规律，所以预报数据中存在较大的误差。当前从卫星电文中解译出来的星历参数共 17 个，每小时更换一次。由这 17 个星历参数确定的卫星位置精度为 20～40 m，有时可达 80 m。全球定位系统正式运行后，启用全球均匀分布的跟踪网进行测轨和预报，此时由星历参数计算的卫星坐标可精确到 5～10 m。不过根据美国政府的 GPS 政策，广大用户很难从系统的改善中获得应有的精度。

（2）实测星历

它是根据实测资料进行拟合处理而直接得出的星历。它需要在一些已知精确位置的点上跟踪卫星来计算观测瞬间的卫星真实位置，从而获得准确可靠的精密星历。这种星历要在观测后 1～2 个星期才能得到，这对导航和动态定位无任何意义，但是在静态精密定位中具有重要作用。另外，GPS 卫星是高轨卫星，区域性的跟踪网也能获得很高的定轨精度。所以许多国家和组织都在建立自己的 GPS 卫星跟踪网并开展独立的定轨工作。

2. 星历误差对定位的影响

（1）对单点定位的影响

线性化观测方程为

$$l_i \mathrm{d}X + m_i \mathrm{d}Y + n_i \mathrm{d}Z + c V_{\mathrm{Tb}} = L_i \quad (i = 1, 2, 3, \cdots) \tag{5-28}$$

式中，

$$l_i = \frac{X_{\mathrm{si}} - X_0}{\rho_0}, \quad m_i = \frac{Y_{\mathrm{si}} - Y_0}{\rho_0}, \quad n_i = \frac{Z_{\mathrm{si}} - Z_0}{\rho_0}$$

$$L_i = \rho_0 - [\tilde{\rho}_i + (\delta\rho)_{\mathrm{ion}} + (\delta\rho)_{\mathrm{trop}} - c V_{\mathrm{ta}}^i]$$

若由于卫星星历误差而使 $(\rho_0)_i$ 有了增量 $\mathrm{d}\rho_i$，由此引起的测站坐标误差为 $(\delta_X, \delta_Y, \delta_Z)$，引起的接收机钟误差为 δ_T，则 $(\delta_X, \delta_Y, \delta_Z, \delta_\mathrm{T})$ 和 $\mathrm{d}\rho_i$ 之间存在下列关系：

$$l_i \delta_X + m_i \delta_Y + n_i \delta_Z + c\delta_\mathrm{T} = d\rho_i \quad (i = 1, 2, 3, \cdots) \tag{5-29}$$

式（5-29）表明，星历误差在测站至卫星方向上影响测站坐标和接收机钟的改正数，影响的大小取决于 $d\rho_i$ 的大小，具体的配赋方式则与卫星的几何图形有关。广播星历误差对测站坐标的影响一般可达数米、数十米甚至上百米。

（2）对相对定位的影响

相对定位时，因星历误差对两站的影响具有很强的相关性，所以在求坐标差时，共同的影响可自行消去，从而获得精度很高的相对坐标。星历误差对相对定位的影响一般采用下列公式估算：

$$\frac{\mathrm{d}b}{b} = \frac{\mathrm{d}s}{\rho} \tag{5-30}$$

式中，b 为基线长；$\mathrm{d}b$ 为由于卫星星历误差而引起的基线误差；$\mathrm{d}s$ 为星历误差；ρ 为卫星至测站的距离；$\mathrm{d}s/\rho$ 为星历的相对误差。实践表明，经数小时观测后，基线的相对误差约为星历相对误差的四分之一。在 SA 措施实施中，基线相对误差可能会增大。但就广播星历而言，也能保证 $(1\sim2)\times10^{-6}$ 的相对定位精度。

3. 解决星历误差的方法

（1）建立自己的卫星跟踪网

建立 GPS 卫星跟踪网，进行独立定轨，这不仅可以使我国的用户在非常时期不受美国有意限制在 C/A 码上的卫星星历精度的影响，而且可以使提供的星历精度达到 10^{-7}。这将对提高精密定位的精度起到显著作用。此外，还可为实时定位提供预报星历。

（2）轨道松弛法

在平差模型中，把卫星星历给出的卫星轨道作为初始值，视其改正数为未知数。通过平差同时求得测站位置及轨道的改正数，这种方法就称为轨道松弛法。常采用的轨道松弛法有以下两种。

① 半短弧法。仅将轨道切向、径向和法向三个改正数作为未知数。这种方法计算较为简单。

② 短弧法。把 6 个轨道偏差改正数作为未知数，通过轨道模型来建立观测值和未知数之间的关系。这种方法的计算工作量较大，精度大体与半短弧法相当。

但是轨道松弛法也有一定的局限性，因此它不宜作为 GPS 定位的基本方法，而只能作为在无法获得精密星历情况下某些部门采取的补救措施或在特殊情况下采取的措施。

（3）同步观测值求差

这种方法是利用在两个或多个观测站上，对同一卫星的同步观测值求差，以减弱卫星星历误差的影响。由于同一卫星的位置误差对不同观测站同步观测的影响具有系统性，所以通过上述求差的方法，可以把两站共同误差消除，其残余误差为：

$$\mathrm{d}b = b \cdot \frac{\mathrm{d}s}{\rho}$$

取 $b=5\,\mathrm{km}$，$\rho=25\,000\,\mathrm{km}$，$\mathrm{d}s=50\,\mathrm{m}$，则 $\mathrm{d}b=1\,\mathrm{cm}$。可见，采用相对定位可以有效地减弱星历误差的影响。

5.3.2　卫星钟的钟误差

卫星钟的钟误差包括由钟差、频偏、频漂等产生的误差，也包含钟的随机误差。在 GPS 测量中，无论是码相位观测或载波相位观测，均要求卫星钟和接收机钟保持严格同步。尽管 GPS 卫星均设有高精度的原子钟（铷钟和铯钟），但与理想的 GPS 时之间仍存在偏差或漂移。这些偏差的总量均在 1 ms 以内，由此引起的等效距离误差可达 300 km。

卫星钟的这种偏差一般可表示为以下二阶多项式的形式：

$$\Delta t_s = a_0 + a_1(t-t_0) + a_2(t-t_0)^2 \tag{5-31}$$

式中，t_0 为参考历元；系数 a_0、a_1、a_2 分别表示钟在 t_0 时刻的钟差、钟速及钟速的变率。

这些数值由卫星的地面控制系统根据前一段时间的跟踪资料和 GPS 标准时推算出来，并通过卫星的导航电文提供给用户。

经以上改正后，各卫星钟之间的同步差可保持在 20 ns 以内，由此引起的等效距离偏差不会超过 6 m，卫星钟差和经改正后的残余误差则需采用在接收机之间求一次差等方法来进一步消除。

5.3.3　相对论效应

相对论效应是由于卫星钟和接收机钟所处的状态（运动速度和重力位）不同而引起的卫星钟和接收机钟之间产生相对误差的现象。所以严格地说，将相对论效应归入与卫星有关的误差不完全准确。但是由于相对论效应主要取决于卫星的运动速度和重力位，并且是以卫星钟的误差这一形式出现的，所以将其归入此类误差。

根据狭义相对论的理论，安置在高速运动卫星中的卫星钟的频率 f_s 将变为

$$f_s = f \left[1 - \left(\frac{V_s}{c} \right)^2 \right]^{1/2} \approx f \left(1 - \frac{V_s^2}{2c^2} \right)$$

即

$$\Delta f_s = f_s - f = -\frac{V_s^2}{2c^2} \cdot f \qquad (5-32)$$

式中，V_s 为卫星在惯性坐标系中运动的速度；f 为同一台钟的频率；c 为真空中的光速。将 GPS 卫星的平均运动速度 $\bar{V}_s = 3\,874\,\text{m/s}, c = 299\,792\,458\,\text{m/s}$ 代入式（5-32）得 $\Delta f_s = -0.835 \times 10^{-10} f$。这表明，卫星钟比静止在地球上的同类钟慢。于是，由于狭义相对论效应使卫星钟相对于接收机钟产生的频率偏差可视为 $\Delta f_1 = \Delta f_s = -0.835 \times 10^{-10} f$。

按广义相对论理论，若卫星所在处的重力位为 W_s，地面测站处的重力位为 W_T，那么同一台钟放在卫星上和放在地面上的频率将相差 Δf_2：

$$\Delta f_2 = \frac{W_s - W_T}{c^2} f \qquad (5-33)$$

因为广义相对论效应数量很小，在计算时可以把地球的重力位看作是一个质点位，同时略去日月引力位，这样 Δf_2 的实用公式为：

$$\Delta f_2 = \frac{\mu}{c^2} \cdot f \left(\frac{1}{R} - \frac{1}{r} \right) \qquad (5-34)$$

式中，μ 为万有引力常数和地球质量的乘积，其数值为 $\mu = 3.986\,005 \times 10^{14}\,\text{m}^3/\text{s}^2$；$R$ 为接收机离地心的距离，取值为 $6\,378\,\text{km}$；r 为卫星离地心的距离，为 $26\,560\,\text{km}$，代入式（5-34）后得 $\Delta f_2 = 5.284 \times 10^{-10} f$。由此可以看出，对 GPS 卫星而言，广义相对论效应的影响比狭义相对论效应的影响要大得多，且符号相反。总的相对论效应影响则为

$$\Delta f = \Delta f_1 + \Delta f_2 = 4.449 \times 10^{-10} f$$

可见，由于相对论效应，一台钟放到卫星上后频率比在地面时增加 $4.449 \times 10^{-10} f$，所以解决相对论效应的最简单办法就是在制造卫星钟时预先把频率降为 $4.449 \times 10^{-10} f$。卫星钟的标准频率为 10.23 MHz，所以厂家在生产时应把频率降为

$$10.23\,\text{MHz} \times (1 - 4.449 \times 10^{-10}) = 10.229\,999\,995\,45\,\text{MHz}$$

这样，当这些卫星钟进入轨道受到相对论效应的影响后，频率正好变为标准频率 10.23 MHz。

应该说明的是，上述讨论是在 $R = 26\,500\,\text{km}$ 的圆形轨道下卫星做匀速运动情况下进行的。事实上，卫星轨道是一个椭圆，卫星运行速度也随时间发生变化，相对论效应影响并非

常数，所以经上述改正后仍有残差，它对 GPS 时的影响最大可达 70 ns，对精密定位仍不可完全忽略。

5.4　与接收机有关的误差

与接收机有关的误差主要有接收机钟误差、接收机位置误差、天线相位中心位置误差及 GPS 天线相位中心误差等。

1. 接收机钟误差

GPS 接收机一般采用高精度的石英钟，其稳定度约为 10^{-9}。若接收机钟与卫星钟之间的同步差为 $1\mu s$，则由此引起的等效距离误差约为 300 m。

减弱接收机钟误差的方法如下。

① 把每个观测时刻的接收机钟误差当做一个独立的未知数,在数据处理中与观测站的位置参数一并求解。

② 认为各观测时刻的接收机钟误差之间是相关的，像卫星钟那样，将接收机钟误差表示为时间多项式，并在观测量的平差计算中求解多项式的系数。这种方法可以大大减少未知数，该方法的关键是钟误差模型的有效程度。

③ 通过在卫星间求一次差来消除接收机钟误差。这种方法和①是等价的。

2. 接收机位置误差

接收机天线相位中心相对测站标石中心位置的误差叫接收机位置误差。这里包括天线的置平误差和对中误差、量取天线高误差。例如当天线高度为 1.6 m、置平误差为 0.1 时，可能会产生对中误差 3 mm。因此，在精密定位时，必须仔细操作，以尽量减少这种误差的影响。在变形监测中，应采用有强制对中装置的观测墩。

3. 天线相位中心位置误差

在 GPS 测量中，观测值都是以接收机天线的相位中心位置为准的，而天线的相位中心与其几何中心在理论上应保持一致。但是实际上天线的相位中心随着信号输入的强度和方向不同而有所变化，即观测时相位中心的瞬时位置（一般称相位中心）与理论上的相位中心有所不同，这种差别叫天线相位中心位置误差。这种误差的影响可达数毫米甚至数厘米。

在实际工作中，如果使用同一类型的天线，在相距不远的两个或多个观测站上同步观测了同一组卫星，那么便可以通过观测值的求差来削弱相位中心偏移的影响。不过，这时各观测站的天线应按天线附有的方位标进行定向，使之根据罗盘指向磁北极。通常定向偏差应保持在 3° 以内。

4. GPS 天线相位中心误差

GPS 天线相位中心误差可分为水平误差和垂直误差两部分。目前，GPS 接收机天线相位中心误差的检测方法有两种。一种是用室内微波天线测量设备测定，即通过精密可控微波信号源测量天线接收信号的强度分布来确定天线相位中心，从而测定天线相位中心误差。这种方法测定精度较高，但设备复杂昂贵，测量费用高，且一般测绘部门无此设备。另一种方法是在野外利用接收到的 GPS 卫星发播的信号，通过测定两天线间的基线向量来测定天线相位中心的误差，即基线测量相对测定法，也称为旋转天线法。此种方法是我国行业标准规定采用的方法，操作简单、方便、成本低，被广泛应用。但这种方法只能有效检测出天线相位中心误差水平分量，对于垂直分量却不能精确测定。就一般天线而言，其相位中心在垂直方向上的误差远大于在水平方向上的误差（水平误差仅几个毫米，垂直误差可达 160 mm）。表 5-3 给出了美国国家大地测量局（National Geodetic Survey，NGS）对几种 GPS 接收机天线相位中心误差的检测结果。

表 5-3　几种 GPS 接收机天线的相位中心误差　　　　单位：mm

天线型号	在 L1 波段的误差			在 L2 波段的误差		
	东	北	垂直	东	北	垂直
AOAD/M – T	0.0	0.0	110.0	0.0	0.0	128.0
ASH700718A	−0.6	0.2	83.9	1.1	−1.6	62.3
ASH700936A – M	1.4	−1.0	108.9	1.0	0.5	127.4
ASH701975.01+GP	−2.0	−3.3	56.0	−2.0	−2.7	46.1
JPLD/M – R	0.0	0.0	78.0	0.0	0.0	96.0
LEIAT202 – GP	2.0	−0.3	56.7	−0.2	1.7	53.6
LEIAT303	0.7	−0.1	78.7	1.7	0.2	90.9
LEIAT503	0.7	−0.1	78.7	1.7	0.2	90.9
LEIA504	0.3	−0.3	109.3	1.1	1.1	128.2
LEISR299 – INT	3.0	1.4	128.4	2.4	−1.1	122.0
LEISR399 – INT	3.0	1.4	128.4	2.4	−1.1	122.0
NOV501	−0.8	2.0	55.8	0.0	0.0	0.0
NOV501+CR	−1.0	2.1	97.0	0.0	0.0	0.0
NOV502+CR	−1.3	−2.4	47.4	0.7	−0.7	75.7
SEN67157596	−0.1	0.5	21.8	4.0	−1.8	29.4
SOKA110	−0.3	−1.2	109.0	0.0	0.0	0.0
SOKA120	−1.5	0.5	106.9	0.7	−0.7	103.8
SOK – RADIAN – IS	0.2	−0.7	163.8	−2.1	−0.1	162.0
OP72110	−1.2	1.7	136.0	1.0	2.7	116.6
TRM14532.00	−0.7	−2.2	75.7	−1.9	−0.3	74.5
TRM14532.10	−1.6	0.9	96.0	1.6	4.1	94.4
TRM22020.00+GP	−0.1	−0.6	74.2	−0.5	2.8	70.5
TRM22020.00 – GP	2.4	−1.0	83.4	0.4	2.7	82.5
TRM27947.00 – GP	3.4	0.1	91.7	−1.4	2.1	94.9
TRM27947.00+GP	1.6	−0.4	75.2	−0.4	2.8	75.6
TRM29659.00	1.2	0.5	109.8	1.2	0.6	128.0

由表 5-3 可看出，GPS 接收机天线相位中心在垂直方向上的误差远大于在水平方向上的误差，且随着天线型号的不同而不同。目前，有的 GPS 接收机已标称其 GPS 接收机天线相位中心误差为 0（即 0 相位中心误差），但由于种种原因，实际观测时天线相位中心误差不为 0。经检测和研究表明，GPS 接收机天线相位中心在垂直方向上的误差与 GPS 接收机厂家标称值之差，最大可达厘米级，这对于高精度的 GPS 变形监测是不能忽视的。因此，在进行对

高程方向精度要求较高的 GPS 测量时，应检测 GPS 接收机天线相位中心在垂直方向上的误差，并加以改正。

GPS 天线相位中心在垂直方向上误差的大小主要与 GPS 天线设计、制造工艺及材料有关，也与观测环境、时间、季节及气象条件等多种因素有关，这些都有待进一步深入研究。

5.5　其他误差

1. 地球自转的影响

当卫星信号传播到观测站时，与地球相固连的协议地球坐标系相对卫星的上述瞬时位置已产生了旋转（绕 Z 轴）。若取 ω 为地球的自转速度，则旋转的角度为

$$\Delta\alpha = \omega\Delta\tau_i^j \tag{5-35}$$

式中，$\Delta\tau_i^j$ 为卫星信号传播到观测站的时间延迟。引起坐标系中的坐标变化 $(\Delta X,\Delta Y,\Delta Z)$ 为

$$\begin{bmatrix}\Delta X\\\Delta Y\\\Delta Z\end{bmatrix} = \begin{bmatrix}0 & \sin\Delta\alpha & 0\\-\sin\Delta\alpha & 0 & 0\\0 & 0 & 0\end{bmatrix}\begin{bmatrix}X^j\\Y^j\\Z^j\end{bmatrix} \tag{5-36}$$

式中，(X^j,Y^j,Z^j) 为卫星的瞬时坐标。

由于旋转角 $\Delta\alpha < 1.5''$，所以当取至一次微小项时，上式可简化为

$$\begin{bmatrix}\Delta X\\\Delta Y\\\Delta Z\end{bmatrix} = \begin{bmatrix}0 & \Delta\alpha & 0\\-\Delta\alpha & 0 & 0\\0 & 0 & 0\end{bmatrix}\begin{bmatrix}X^j\\Y^j\\Z^j\end{bmatrix} \tag{5-37}$$

2. 地球潮汐改正

因为地球并非是一个刚体，所以在万有引力作用下，固体地球要产生周期性的弹性形变，称为固体潮。此外在日、月引力的作用下，地球上的负荷也将发生周期性的变动，使地球产生周期的形变，称为负荷潮汐（简称负荷潮），如海潮。固体潮和负荷潮引起的测站位移可达 80 cm，使不同时间的测量结果不一致，在高精度相对定位中应考虑其影响。

由固体潮和负荷潮引起的测站点的位移值可表达为

$$\begin{cases}\delta_r = h_2\dfrac{U_2}{g} + h_3\dfrac{U_3}{g} + 4\pi GR\displaystyle\sum_{i=1}^n \dfrac{h_i'\sigma_i}{(2i+1)g}\\[2mm]\delta_\varphi = \dfrac{l_2}{g}\dfrac{\partial U_2}{\partial\varphi} + l_3\dfrac{\partial U_3}{\partial\varphi} + \dfrac{4\pi GR}{g}\displaystyle\sum_{i=1}^n \dfrac{l_i'}{2i+1}\dfrac{\partial\sigma_i}{\partial\varphi}\\[2mm]\delta_\lambda = \dfrac{l_2}{g}\dfrac{\partial U_2}{\partial\lambda} + l_3\dfrac{\partial U_3}{\partial\lambda} + \dfrac{4\pi GR}{g}\displaystyle\sum_{i=1}^n \dfrac{l_i'}{2i+1}\dfrac{\partial\sigma_i}{\partial\lambda}\end{cases} \tag{5-38}$$

式中，U_2、U_3 为日、月的二阶、三阶引力潮位；σ_i 为海洋单层密度；h_i、l_i 为第一、第二勒夫数；h_i'、l_i' 为第一、第二负荷勒夫数；G 为万有引力常数；R 为平均地球半径。

已知测站的形变量 $\delta = (\delta_\lambda,\delta_\varphi,\delta_r)$，即可将其投影到测站至卫星的方向上，从而求出单点定位时观测值中应加的由于地球潮汐所引起的改正数（v）为

$$v = \frac{\delta_\lambda \cdot \delta_\varphi \cdot y + \delta_r \cdot z}{(x^2 + y^2 + z^2)^{1/2}} \tag{5-39}$$

式中，x、y、z 为点位在 WGS84 中的近似坐标。进行相对定位时，两个测站均应采用上述方法分别对观测值进行改正。

在 GPS 测量中除上述各种误差外，卫星钟和接收机钟振荡器的随机误差、大气折射模型和卫星轨道摄动模型的误差等，也都会对 GPS 的观测量产生影响。随着对长距离定位精度要求的不断提高，研究这些误差来源并确定它们的影响规律具有重要的意义。

 复习题

1. 简述 GPS 测量定位误差的种类，并说明产生的原因。

2. 什么是星历误差？如何削弱星历误差对 GPS 测量定位所带来的影响？

3. 在 GPS 测量定位中，多路径效应是如何产生的？如何削弱多路径效应对 GPS 测量定位所带来的影响？

4. 与接收机有关的误差包括哪几种？怎么削弱其影响？

第6章 GPS 网的技术设计

本章导读

本章主要介绍了 GPS 网技术设计的依据；GPS 网的精度及密度设计；GPS 网的基准设计、最小约束平差与约束平差；GPS 网的布网形式及设计基准；GPS 网的设计指标。

6.1 GPS 网的技术设计及其作用

GPS 网技术设计是依据 GPS 网的用途及用户的要求，按照国家及行业主管部门颁布的 GPS 测量规范（规程），对基准、精度、密度、网形及作业纲要（如观测的时段数、每个时段的长度、采样间隔、截止高度角、接收机的类型及数量、数据处理的方案）等所做出的具体规定和要求。技术设计是建立 GPS 网的首要工作，它提供了建立 GPS 网的技术准则，是项目实施过程中及成果验收时的技术依据。

6.2 GPS 网技术设计的依据

GPS 网技术设计必须依据相关标准、技术规章或要求来进行，常用的依据有 GPS 测量规范及规程、测量任务书或测量合同书。

1. GPS 测量规范及规程

GPS 测量规范及规程是由国家质检主管部门或行业主管部门制定发布的技术标准。现行的主要 GPS 测量规范及规程有以下几种。

① 2009 年国家质量监督检验检疫总局和国家标准化管理委员会发布的《全球定位系统（GPS）测量规范》（GB/T 18314—2009）。

② 2005 年国家测绘局发布的《全球导航卫星系统连续运行参考站网建设规范》（CH/T 2008—2005）。

③ 2010 年住房和城乡建设部发布的《卫星定位城市测量技术规范》（CJJ/T 73—2010）。

④ 2010 年国家测绘局发布的《全球定位系统实时动态测量（RTK）技术规范》（CH/T 2009—2010）。

⑤ 1995 年国家测绘局发布的《全球定位系统（GPS）测量型接收机检定规程》（CH 8016—1995）。

⑥ 各部委根据本部门 GPS 测量的实际情况所制定的其他 GPS 测量规程及细则。

2. 测量任务书或测量合同书

测量任务书是测量单位的上级单位或主管部门下达的具有强制性约束力的文件。任务书常用于下达计划指令性任务，测量合同书则是由业主方（或上级主管部门）与测量实施单位所签订的合同，该合同经双方协商同意并签订后便具有法律效力。测量合同书是在市场经济条件下广泛采用的一种形式。测量单位必须按照测量任务书或测量合同书中所规定的测量任务的目的、用途、范围、精度、密度等进行施测，在规定时间内提交合格的成果及相关资料。上级主管部门及业主方也应按测量任务书或测量合同书中的规定及时拨（支）付作业费用，在资料、场地、生活方面给予必要的协助和照顾。技术设定必须保证测量任务书和测量合同书中所提出的各项技术指标均能得以满足，并在时间和进度安排上适当留有余地。

6.3　GPS 网的精度和密度设计

6.3.1　GPS 测量的等级及其用途

在 GB/T 18314—2009 中将 GPS 测量划分为 5 个等级，分别是 A 级、B 级、C 级、D 级和 E 级。表 6-1 给出了各等级 GPS 测量的主要用途。需要说明的是，GPS 测量所属的等级并不是由用途来确定的，而是以其实际的质量要求来确定的，表 6-1 中所列各等级 GPS 测量的用途仅是参考，具体等级应以测量任务书或测量合同书的要求为准。

表 6-1　各等级 GPS 测量的主要用途（GB/T 18314—2009）

级别	用　　途
A	国家一等大地控制网，全球性地球动力学研究，地壳形变测量和精密定轨等
B	国家二等大地控制网，地方或城市坐标基准框架，区域性地球动力学研究，地壳形变测量，局部形变监测和各种精密工程测量等
C	三等大地控制网，区域、城市及工程测量的基本控制网等
D	四等大地控制网
E	中小城市、城镇及测图、地籍、土地信息、房产、物探、勘测、建筑施工等的控制测量等

在 CJJ/T 73—2010 中，把城市控制网、城市地籍控制网和工程控制网划分为二、三、四等和一、二级。

6.3.2　GPS 测量的精度及密度指标

1. 精度指标

根据 GB/T 18314—2009，A 级 GPS 网由卫星定位连续运行基准站构成，其精度应不低于表 6-2 的要求；B、C、D 和 E 级 GPS 网的精度应不低于表 6-3 的要求。另外，用于建立国家二等大地控制网和三、四等大地控制网的 GPS 测量，在满足表 6-3 所规定的 B、C 和 D 级精度要求的基础上，其相邻点距离的相对精度应分别不低于 $1×10^{-7}$、$1×10^{-6}$ 和 $1×10^{-5}$。

表 6-2　A 级 GPS 网的精度指标（GB/T 18314—2009）

级别	坐标年变化率中误差		相对精度	地心坐标各分量年平均中误差/mm
	水平分量/（mm/a）	垂直分量/（mm/a）		
A	2	3	$1×10^{-8}$	0.5

表 6-3　B、C、D、E 级 GPS 网的精度（GB/T 18134—2009）

级别	相邻点基线分量中误差		相邻点间平均距离/km
	水平分量/mm	垂直分量/mm	
B	5	10	50
C	10	20	20
D	20	40	5
E	20	40	3

根据 CJJ/T 73—2010，各等级城市 GPS 测量的相邻点间基线长度的精度用式（6-1）表示，其具体要求见表 6-4。

$$\sigma = \sqrt{a^2 + (b \cdot d)^2} \qquad\qquad (6-1)$$

式中：σ 为基线向量的弦长中误差，单位为 mm；a 为固定误差，单位为 mm；b 为比例误差系数，单位为 1×10^{-6}；d 为相邻点的距离，单位为 km。

表 6-4　城市 GPS 测量精度指标（CJJ/T 73—2010）

等级	平均距离/km	a/mm	b/10^{-6}	最弱边相对中误差
二等	9	≤5	≤2	1/120 000
三等	5	≤5	≤2	1/80 000
四等	2	≤10	≤5	1/45 000
一级	1	≤10	≤5	1/20 000
二级	<1	≤5	≤5	1/10 000

注：当边长小于 200 m 时，边长中误差应小于 2 cm。

2. 密度指标

根据 GB/T 18314—2009，各级 GPS 网中相邻点间距离最大不宜超过该等级网平均距离（见表 6-3）的 2 倍。根据 CJJ/T 73—2010，各级城市 GPS 网相邻间的最小距离应为平均距离的 1/3～1/2，最大距离应为平均距离的 2～3 倍。

6.3.3　GPS 网的精度设计和密度设计

GPS 测量规范及规程中一般都对 GPS 测量的等级进行了划分。不同等级的 GPS 测量有不同的精度指标和密度指标，适用于不同的用途。因而在一般情况下，测量单位只需依据项目的目的、用途和具体要求就能对号入座，确定相应的等级，然后按规范及规程规定的精度、密度、施测纲要及数据处理方法来加以执行，而无须专门进行技术设计。当用户的上述要求介于两个等级之间时，在无须大量增加工作量的情况下靠到较高的等级上去；否则应专门为该项目进行技术设计。

GPS 测量规范及规程中的各项规定和指标通常都是针对一般情况制定的，并不适合所有场合。所以在特殊情况下，测量单位仍需按照测量任务书或测量合同书中提出的技术要求单独进行技术设计，而不可一概套用 GPS 测量规范及规程中的相关规定。例如在混凝土大坝外观变形检测中，平面位移和垂直位移的监测精度均要求优于 1 mm（精度要求优于 B 级 GPS 测量），而边长则通常仅为数百米至数千米（基本相当于 E 级 GPS 测量），故不宜直接套用规范和规程，应另行进行技术设计。如前所述，当某工程项目的精度要求介于两个等级之间而上靠一级又会大幅增加工作量时，也应另行进行技术设计，对时段数、时段长度、图形结构等做出适当规定，以便使成果既能满足要求又不致付出过高的代价。

6.4　GPS 网的基准设计

6.4.1　GPS 网的基准设计概述

1. 基准设计的内容

GPS 网的基准包括位置基准、尺寸基准和方位基准三类。指定 GPS 网所采用的坐标参照系（基准）并确定所采用的起算数据的工作称为 GPS 网的基准设计。

2. 坐标参照系设计

GPS 网所采用的坐标参照系可根据布网的目的、用途而定。利用 GPS 定位技术建立（加密、扩充、检核、加强）城市控制网或工矿企业的独立控制网时，起算点的坐标可采用上述坐标系中的坐标。利用 GPS 定位技术进行全球性的或区域性的地球动力学研究时，通常采用国际地球参考框架（ITRF）坐标。目前，用户可通过互联网方便地获得精密星历及测区周围的 IGS 基准站的站坐标和观测值，通过高精度联测求得起点在 ITRF 中的起始坐标，也可通过与测站附近的高等级 GPS 点联测来获得起始坐标。

3. 位置基准设计

GPS 网的位置基准取决于网中"起算点"的坐标和平差方法。确定网的位置基准一般可采用下列方法。

① 选取网中的一个点的坐标并加以固定或给予适当的权。

② 网中各点坐标均不固定，通过自由网伪逆平差或拟平差或拟稳平差来确定网的位置基准。

③ 在网中选取若干点的坐标并加以固定或给予适当的权。

采用前两种方法进行 GPS 网平差时，由于在网平差中仅引入了位置基准，而没有给出多余的约束条件，因而对网的定向和尺度都没有影响，称此类网为独立网。采用第三种方法进行平差时，由于给出的起算数据多于必要的起算数据，因而在确定网位置基准的同时也会对网的方向和尺度产生影响（一般称此类网为附和网）。

4. 尺度基准设计

尺度基准是由 GPS 网中的基线来提供的，这些基线可以是地面测距边或已知点间的固定边，也可以是 GPS 网中的基线向量。对于新建控制网，可直接由 GPS 基线向量提供尺度基准，即建立独立网或固定一点一方位进行平差的方法，这样可以充分利用 GPS 技术的高精度特性。对于旧控制网加密或改造，可将旧网中的若干个控制点作为已知点对 GPS 网进行附和网平差，这些已知点间的边长将成为尺度基准。对于一些涉及特殊投影面的网，若在指定投影面上没有足够数量的控制点，则可以引入地面高精度测距边作为尺度基准。

5. 方位基准设计

方位基准一般由网中的起始方位角提供，也可由 GPS 网中各基线向量共同提供。利用旧网中的若干控制点作为 GPS 网中的已知点进行约束平差时，方位基准将由这些已知点间的方位角共同提供。

6.4.2　最小约束平差与约束平差

在进行网平差时引入起算数据是为 GPS 网引入基准的主要方法。在网平差过程中，如果只给出了必要的起算数据（一个起算点的三维坐标），这种平差就称为最小约束平差。如果给出的起算数据多于必要起算数据，这种平差就称为约束平差。在最小约束平差中，由于未对基线向量施加多余的约束，故平差后的精度能较好地反映 GPS 本身的精度。反之，在附和网平差中，还必须通过调整 GPS 网来适合额外施加的约束条件，故网平差后的精度不一定能很好地反映 GPS 测量本身的精度。下面以城市测量控制网为例来说明这两种平差方案的优缺点。

随着城市建设的发展及城市规模的迅速扩大，原城市网中有不少控制点被破坏，各城市纷纷利用 GPS 定位技术恢复、改造、重建城市测量控制网。这些城市中的原控制网一般是在不同的时期，按照不同的测量规范，采用不同的方法逐步扩充建成的。其首级控制网的精度一般为 1/20 万～1/10 万，有的可能更差。许多城市控制网一直未进行全网统一平差，网中不同部分具有不同的尺度比和不同的方向扭曲，南北方向的尺度比和东西方向的尺度比也不一定相同。利用 GPS 定位技术建立城市控制网时，若仅用网中一点的三维坐标作为起算数据，即采用最小约束平差方案时，网中最弱边的相对中误差往往可达 1/100 万～1/50 万。估计 10～15 年内这些控制网仍可满足包括地籍测量在内的各种城市测量工作的需要。但在这些 GPS 网中，远离起始点、位于网的边缘地区的控制点的新旧成果间往往会有较大的差异，例如达 20～30 cm，这些差异在 1/500 的地形图甚至在 1/1 000 的地形图上就能反映出来，从而给启用新成果带来了不少困难。有不少用户正是出于这种考虑，在 GPS 网的平差过程中，在网的外部较均匀地给定了若干个（例如 3～5 个）已知点。采用这种方法进行附和网平差后，新旧成果之差通常可限制在一个较小的范围内，例如小于 10 cm，从而不会在地形图上反映出来。但采用这种方法是以损失精度为代价的，即让高精度的 GPS 网产生变形以便强制附和到若干个低精度的起始点上实现的，所以平差后 GPS 网的精度将大幅度降低（大体和旧网的精度相当），因此在一般情况下这种方法是不可取的。

6.5　GPS 网的布网形式

GPS 网的布网形式是指在建立 GPS 网时观测作业的方式，包括网的点数与参与观测的接收机数的比例关系、观测时段的长短、观测时段数、已观测作业期间接收机所处的地位等特征。现有的布网形式有跟踪站式、会站式、多基准站式（枢纽式）、同步图形扩展式和单基准站式。

1. 跟踪站式

（1）布网形式

在跟踪站式的布网形式中，所采用的接收机数量通常与网的点数相同，即每个点上设置一台接收机。这些接收机长期固定安放在测站上，进行常年、不间断的观测，即一年观测 365 天，一天观测 24 小时，如同跟踪站或连续运行基准站一样。在这一布网形式中，所有接收机的地位是对等的，没有主次之分。

（2）特点

由于在采用跟踪站式的布网形式进行观测作业时，接收机在各个测站上进行了不间断的连续观测，观测时间长、数据量大，而且在数据处理时，一般采用精密星历，因此采用此种形式所建立的 GPS 网具有极高的精度和可靠性。为保证连续观测，一般需要专门建立永久性建筑（即跟踪站）用以安置仪器设备，这使得该布网形式的观测和运行成本很高。

（3）适用范围

跟踪站式布网形式一般用于建立 A 级网。对于其他等级的 GPS 网，由于此种布网形式观测时间长、成本高，故一般不被采用。

2. 会站式

（1）布网形式

在建立 GPS 网时，一次组织多台 GPS 接收机，集中在一段不太长的时间内共同作业；在作业时，所有接收机在若干天的时间里分别在同一批点上进行多天、长时段的同步观测，在完成一批点的测量后，所有接收机又都迁移到另外一批点上进行相同方式的观测，不同批次间由若干"公共点"相联结，直至所有的点观测完毕，这就是会站式布网，有时也称为分区观测。在这种布网形式中，所有接收机的地位是对等的，没有主次之分。

（2）特点

由于各基线均进行过较长时间、多时段的观测，所以采用会站式布网形式所建立的 GPS 网可较好地削弱轨道误差、大气折射和多路径效应等因素的影响，具有很高的精度和可靠性。但该布网形式一次需要的接收机数量较多，观测成本也较高。

（3）适用范围

会站式布网形式一般用于建立 B 级网。

3. 多基准站式

（1）布网形式

所谓多基准站式的布网形式，就是指有若干台接收机在一段时间里长期固定在某几个点作为基准站进行长时间的观测，与此同时，另外一些接收机则在这些基准站周围相互之间进行网观测模式或点观测模式的测量（见图 6-1）。

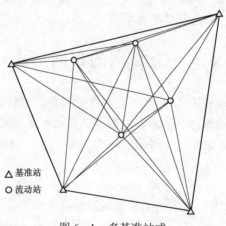

图 6-1　多基准站式

（2）特点

采用多基准站式布网形式建立 GPS 网时，由于各个基准站之间进行了长时间观测，因而可获得高精度、高可靠性的基线向量，这些基线向量可作为整个 GPS 网的骨架。另外，若流动站采用同步观测模式，则除了同步观测的流动站之间存在基线向量外，流动站还与各个基准站之间存在基线向量，这样可获得更强的图形结构。

（3）适用范围

多基准站式布网形式适用于建立 B、C、D 和 E 级网。根据 GB/T 18314—2009 的规定，在采用多基准站式布网形式建立等级 GPS 控制时，网中至少应有 4 个以上高等级 GPS 点；当流动站采用点模式进行观测时，最好有 4 个以上的本身为高等级 GPS 点的基准站。

4. 同步图形扩展式

（1）布网形式

所谓同步图形扩展式布网形式，就是指多台接收机在不同测站上进行同步观测，在完成一个时段的同步观测后，又迁移到其他测站上进行同步观测，每次同步观测都可以形成一个同步图形，在测量过程中，不同的同步图形之间一般由若干个公共点相连，整个 GPS 网由这些同步图形构成。在该布网形式中，接收机的数量通常远少于 GPS 网的点数；所有接收机的地位是对等的，没有主次之分。采用同步图形扩展式的测量有时也称为网模式测量。

会站式与同步图形扩展式在观测作业上非常相似，其主要区别在于会站式所采用的接收机数量较多、观测时段较长（接近 24 小时）。

（2）特点

同步图形扩展式是最常用的一种布网形式，具有扩展速度快、图形强度较高、作业方法简单等优点。

（3）适用范围

同步图形扩展式布网形式适用于建立 B、C、D 和 E 级网。

5. 单基准站式

（1）布网形式

单基准站式布网方式有时又称作星形网方式，它是以一台接收机作为基准站，在某个测站上连续开机观测，其余的接收机在此基准站观测期间在其周围流动，每到一点就进行观测，流动的接收机之间一般不要求同步，这样流动的接收机每观测一个时段就与基准站之间测得一条同步观测基线，所有这样测得的同步基线就形成了一个以基准站为中心的星形。流动的接收机有时也称为流动站（见图 6-2）。

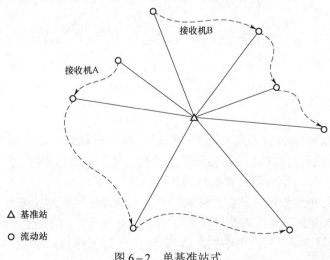

图 6-2　单基准站式

（2）特点

单基准站式布网方式的效率很高，但是由于各流动站一般只与基准站之间有同步观测基线，各流动站之间并无直接联系，故图形强度很弱。为提高图形强度，一般需要在测站至少进行两次观测。

（3）适用范围

由于可靠性低，单基准站式布网形式不适用于等级 GPS 控制网测量，但可用于一些对可靠性要求不高的 GPS 测量。

6.6　GPS 网的图形设计

GPS 网中的各种图形都是由独立基线向量组成的。根据 GPS 网的精度指标及完成任务的时间和经费等因素，GPS 网可由"三角形""多边形""附和导线""星形"等基本图形组成。

1. 三角形网

以三角形作为基本图形所构成的 GPS 网称为三角形网（见图 6-3）。三角形网的优点是网的几何强度好，抗粗差能力强，可靠性高；缺点是工作量大。例如，图 6-3 中由 9 个控制点组成的 GPS 网，如采用三角形作为基本图形来布网，则需测定 17 条独立的基线向量。因此只有在对 GPS 网的可靠性和精度有极高的要求时才会采用这种图形。如有必要，还能在三角形网的基础上继续加测一些对角线（见图 6-3 中的虚线），以进一步提高图形强度。

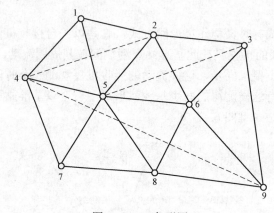

图 6-3　三角形网

2. 多边形网

以多边形（边数 $n \geqslant 4$）作为基本图形所构成的 GPS 网称为多边形网。图 6-4 中的 GPS 网是由 12 条独立基线向量构成的。多边形网的几何强度不如三角形网，但只要对多边形的边数加以适当的限制，多边形网仍会有足够的几何强度。

对多边形网进行内业处理时，如发现某一基线向量超限，而将此基线向量丢弃后新构成的多边形边数并未超限时，允许将此基线向量剔除而不必返工。例如图 6-4 为 D 级 GPS 网，若基线向量 2-5 超限，则可从网图中剔除该基线向量，将原四边形 1-2-4-5 和 2-3-5-6 合并为一个六边形 1-2-3-6-5-4。同理，若基线向量 4-5 超限，可剔除该向量，将原四边形 1－2－4－5 和五边形 4－5－6－7 合并为七边形 1－2－5－6－8－7－4，而不必重新返工。因此，在技术设计时最好能留有余地，这样一旦在内业数据处理发现某些问题时，还可能在规范允许的范围内通过修改图形加以弥补。

3. 附和导线网

以附和导线（或称附和路线）作为基本图形所构成的 GPS 网称为附和导线网（见图 6－5）。附和导线网的工作量也较为节省，图 6－5 中的 GPS 网是由 10 条独立基线向量组成的。附和导线网的几何强度一般不如三角形网和多边形网，但只要对附和导线网的边数及长度加以限制，仍能保证一定的几何强度。

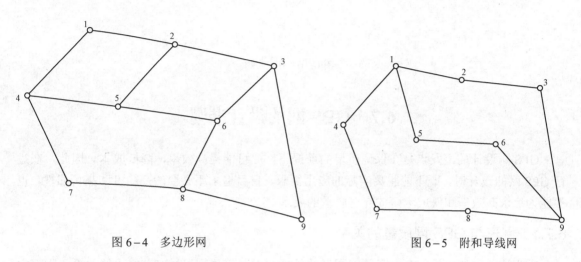

图 6－4　多边形网　　　　　　　　　　　图 6－5　附和导线网

GPS 规范中一般都会对多边形的边数或附和导线的边数做出限制，GB/T 18314—2009 的规定见表 6－5，CJJ/T 73—2010 的规定见表 6－6。

表 6－5　GB/T 18314—2009 对最简独立闭合环或附和导线边数的规定

等级	B	C	D	E
闭合环或附和导线的边数/条	≤6	≤6	≤8	≤10

表 6－6　CJJ/T 73—2010 对最简独立闭合环或附和导线的规定

等级	二等	三等	四等	一级	二级
闭合环或附和导线的边数/条	≤6	≤8	≤10	≤10	≤10

4. 星形网

星形网的几何图形见图 6－6。从图中可见，所谓星形网，是指从一个已知点上分别与各待定点进行相对定位（待定点之间一般无任何联系）所组成的图形。与从同一已知点向许多不同方向引出许多"支导线"相类似，但每条"支导线"都只含一条边。采用"go and stop"法或 RTK 等方法定位时，常采用这种图形。由于各基线向量之间不构成任何闭合图形，因而星形网抗粗差能力较差。星形网常用于界址点、碎部点及低等级控制点的测定。为了防止出现粗差，最好从两个已知点（基准点）上对同一待定点（流动站）进行观测。如果只设一个基准站，搬站后应选取若干已测定过的流动站进行复测，以尽量减少粗差的发生。

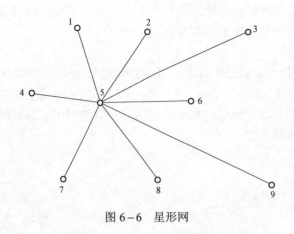

图 6-6　星形网

6.7　GPS 网的设计准则

GPS 网设计的出发点是在保证质量的前提下，尽可能提高效率，降低成本。因此，在进行 GPS 网的设计时，既不能脱离实际的应用需求，盲目追求不必要的高精度和高可靠性，也不能为追求高效率和低成本而放弃对质量的要求。

6.7.1　网形与 GPS 网质量的关系

常规边角网的质量与基本观测网图形的外观（以下简称网形）有着极大的关系，因而它们的基本观测图形通常是接近等边的三角形或大地四边形。但是，GPS 网的基本观测量是反映测站间坐标差的基线向量，可以证明，若假设所有基线向量的精度相同，则 GPS 网的网形与 GPS 网的精度和可靠性无关。图 6-7 中，若假设图 6-7（a）、图 6-7（b）两网中对应基线质量相同，则两网的质量也相同。

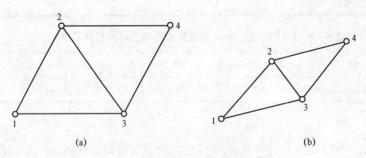

图 6-7　网形与 GPS 网质量无关

同样可以证明，在 GPS 网中，若假设所有基线向量的精度相同，作为个体的 GPS 点的质量与其位置没有关系，而与其相连接的基线向量的数量有关，数量越多，质量越高。图 6-8 中，若假设图 6-8（a）、图 6-8（b）两网中对应基线质量相同，则两网的质量也相同；并且各个网的各个点的质量也相同，因为它们所连接的基线数相同。

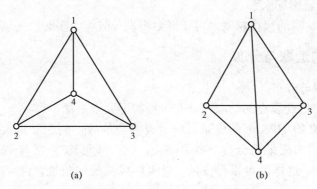

图 6-8　点位与 GPS 网质量无关

6.7.2　提高 GPS 网质量的方法

1. 提高可靠性的方法

采用下列方法可提高 GPS 网的可靠性。

① 增加观测时段数（增加独立基线数）。在建立 GPS 网时，适当增加观测期数（时段数）对于提高 GPS 网的可靠性非常有效。因为随着观测时段数的增加，所测得的独立基线数就会增加，而独立基线数的增加，对网的可靠性的提高是非常有益的。

② 保证一定的重复设站次数。保证一定的重复设站次数，可确保 GPS 网的可靠性。一方面，通过在同一测站上的多次观测，可有效地发现设站、对中、整平、量测天线高等环节中的人为错误；另一方面，重复设站次数的增加，也意味着观测时段数的增加。需要注意的是，当同一台接收机在同一测站上连续进行多个时段的观测时，各个时段间必须重新安置仪器，以更好地消除各种人为操作误差和错误。

③ 尽量保证每个测站至少与三条以上的独立基线相连，这样可以使测站具有较高的可靠性。在建立 GPS 网时，各个点的可靠性与点位无直接关系，而与该点上所连接的基线数有关，点上所连接的基线数越多，点的可靠性就越高。

④ 在布网时要使网中所有最简异步环的边数不大于 6 条。在建立 GPS 网时，检查 GPS 观测值（基线向量）质量的最佳方法是异步环闭合差，而随着组成异步环的基线向量数的增加，其检验质量的能力将下降。

2. 提高精度的方法

采用下列方法可提高 GPS 网的精度。

① 为了保证 GPS 网中各相邻点具有较高的相对精度，对网中距离较近的点一定要进行同步观测，以获得它们之间的直接观测基线。

② 为了提高整个 GPS 网的精度，可以在全面网之上建立框架网，以框架网作为整个 GPS 网的骨架。

③ 在布网时要使网中所有最简异步环的边数不大于 6 条。

④ 在建立 GPS 网时，引入高精度激光测距边，作为观测值与 GPS 观测值（基线向量）一同进行联合平差，或将它们作为起算边长。

⑤ 若采用高程拟合的方法，测定网中各点的正常高或正高，则需在布网时，选定一定数

量的水准点，水准点的数量应尽可能多，且应在网中均匀分布，还要保证有部分点分布在网的四周，并将整个网包围起来。

⑥ 为了提高 GPS 网的尺度精度，可在网中增设长时间、多时段的基线向量。

6.7.3　起算数据的选取与分布

1. 起算点的选取与分布

在建立 GPS 网时，起算点的选取和分布应按如下要求进行。

① 若要求所建立的 GPS 网的成果与旧成果吻合最好，则起算点数量越多越好；若不要求所建立的 GPS 网的成果完全与旧成果吻合，则一般可选 3～5 个起算点，用于实现基准的转换和必要检核。这样既可以保证新、老坐标成果的一致性，也可以保持 GPS 网的原有精度。

② 为保证整网的精度均匀，起算点一般应均匀地分布在 GPS 网的周围。要避免所有的起算点分布在网中一侧的情况。

2. 起算边长的选取与分布

若需要将所建立的 GPS 网成果投影到某一指定的高程面上，可以采用高精度激光测距边（已归算到指定高程面上）作为起算边长，其数量可为 3～5 条，可设置在 GPS 网中的任意位置，但激光测距边两端点的高差不应过分悬殊。

3. 起算方位的选取与分布

在采用 GPS 技术建立独立坐标系下的控制网时，可以引入起算方位，但起算方位不宜太多，起算方位可设置在 GPS 网中的任意位置。

6.8　GPS 网的设计指标

在进行 GPS 网的设计时，除了应遵循一定的设计原则外，还可以通过一些定量指标来指导设计工作，这些指标包括效率指标、可靠性指标和精度指标。另外，在设计时，还应对建立网工作的进度和成本支出进行准确的评估。

1. GPS 网的特征值

（1）理论最少观测时段数

理论最少观测时段数是在满足所规定的重复设站次数要求的前提下，完成 GPS 网外业观测理论上所需的最少观测数。若某个 GPS 网由 n 个点组成，要求每点重复设站观测 m 次，若采用 N 台 GPS 接收机进行观测，则该网的理论最少观测时段数 S_{min} 为

$$S_{min} = ceil\,(n \cdot m/N)$$

式中，ceil( ) 为天花板函数，作用是对实数进行向上取整，即得出绝对值比自变量绝对值大的最大整数。

由于在 GPS 测量规范中对于不同精度等级网的重复设站次数有明确规定，因此在进行 GPS 网的设计时很容易根据网的精度等级、规模及作业单位计划投入的接收机数量计算出完成 GPS 网外业观测所需的理论最少观测时段数。

（2）设计观测时段数

按照设计的外业观测方案完成 GPS 网的观测所需的观测时段数，称为设计观测时段数，

用 S_D 表示。

（3）基线总数

如前所述，在一个时段中用 N 台接收机进行同步观测时可获得同步观测基线 $N(N-1)/2$ 条，若完成 GPS 网的外业观测用了 S 个时段，则所测得的基线总数（含非独立基线）B_A 为

$$B_A = S \cdot N \cdot (N-1)/2$$

（4）独立基线总数

每个时段中可测定的独立基线仅为 $N-1$ 条，故在该 GPS 网中独立基线的总数 B_I 为

$$B_I = S \cdot (N-1)$$

（5）必要基线数

GPS 网的必要基线数指的是建立网中所有点之间相对关系所必需的基线数。在由 n 个点组成的 GPS 网中，只需要 $n-1$ 条基线就可建立所有点之间的相对关系（如取其中一点作为基准站，以其为中心用 $n-1$ 条基线将剩余的点联系起来）。因此该 GPS 网的必要基线数 B_N 为

$$B_N = n-1$$

（6）多余基线数

GPS 网的多余基线数 B_R 为

$$B_R = B_I - B_N = S(N-1) - (n-1)$$

2. 效率指标

在建立一个 GPS 网时，在点数、接收机和平均重复设站次数确定后，则完成该网测设所需的理论最少观测时段数就可以确定。但是，当按照某个具体的布网方式和观测作业方式进行作业时，要按要求完成整网的测设，所需的观测时段数与理论最少观测时段数会有所差异，理论最少观测时段数与设计观测时段数的比值称为效率指标（e），即

$$e = S_{min}/S_D$$

其中：S_{min} 为理论最少观测时段数；S_D 为设计观测时段数。

在进行 GPS 网的设计时，可以采用效率指标来衡量某种网设计方案的效率，其值越接近于 1，GPS 网设计的效率越高。

3. 可靠性指标

GPS 网的可靠性可以分为内可靠性和外可靠性。所谓 GPS 网的内可靠性，是指所建立的 GPS 网发现粗差的能力，即可发现的最小粗差的大小；所谓 GPS 网的外可靠性，是指 GPS 网抵御粗差的能力，即未剔除的粗差对 GPS 网所造成的不良影响的大小。关于内、外可靠性问题，可以从一些相关书籍上找到更为详细的叙述，并且还给出了内、外可靠性指标的算法。由于内、外可靠性指标在计算上过于烦琐，在实际的 GPS 网设计中可采用一个计算较为简单的反映 GPS 网可靠性的数量指标，这个可靠性指标就是整网的多余基线数与独立基线总数的比值，称为整网的平均可靠性指标（η），即

$$\eta = B_R/B_I$$

4. 精度坐标

当 GPS 网布网方式和观测作业方式确定后，GPS 网的网络结构就确定了，根据已确定的 GPS 网的网络结构可以得到 GPS 网的设计矩阵 B，从而可以得到 GPS 网的协因数矩阵 $Q = B^T PB$，在 GPS 网的设计阶段可以采用 tr(Q) 作为衡量 GPS 网整体精度的指标。

6.9　技术设计书的编写

技术设计书是 GPS 网设计成果的载体，是 GPS 测量的指导性文件，是 GPS 测量的关键技术文档。技术设计书主要应包括以下内容。

1. 项目来源

介绍项目的来源和性质，即项目由何单位、部门发包、下达，属于何种性质的项目。

2. 测区概况

介绍测区的地理位置、隶属行政区别、气候、人文、经济发展状况、交通条件、通信条件等。这可为今后施测工作的开展提供必要的信息，如在施测时作业时间、交通工具的安排、电力设备的使用，通信设备的使用等。

3. 工程概况

介绍工程的目的、作用、要求 GPS 网等级（精度）、完成时间、有无特殊要求等在进行技术设计、实际作业和数据处理中所必须了解的信息。

4. 技术依据

介绍工程所依据的测量规范、工程规范、行业标准及相关的技术要求等。

5. 现有测绘成果

介绍测区内及与测区相关地区的现有测绘成果的情况，如已知点、测区地形图等。

6. 施测方案

介绍测量采用的仪器设备的种类、采取的布网方法等。

7. 作业要求

介绍选点与埋石要求、外业观测时的具体操作规程、技术要求等，包括仪器参数的设置（如采样率、截止高度角等）、对中精度、整平精度、天线高的量测方法及精度要求等。

8. 观测质量控制

介绍外业观测的质量要求，包括质量控制法及各项限差要求等，如数据删除率、RMS 值、RATIO 值、同步环闭合差、异步环闭合差、相邻点相对中误差、点位中误差等。

9. 数据处理方法

介绍详细的数据处理方案，包括基线解算和网平差处理所采用的软件和处理方法等内容。

① 对于基线解算的数据处理方案，应包含如下内容：基线解算软件、参与解算的观测值、解算时所使用的卫星星历类型等。

② 对于网平差的数据处理方案，应包含如下内容：网平差处理软件、网平差类型、网平差时的坐标系、基准及投影、起算数据的选取等。

10. 提交成果要求

介绍提交成果的类型及形式。

 复习题

1. 简述 GPS 网技术设计的依据。
2. 简述 GPS 测量的等级及用途。
3. 简述 GPS 网基准设计的内容。
4. GPS 网的布网形式包括哪些?
5. 简述 GPS 网的设计准则。
6. 采用哪些方法可提高 GPS 网的精度?
7. GPS 网的特征值包括哪些?

第7章　GPS测量的外业工作

> **本章导读**
> 本章主要介绍了 GPS 测量外业工作的选点与埋石；GPS 接收机的维护与保养、选用与检验；GPS 外业测量的作业与调度；GPS 外业测量的数据采集、技术总结、成果验收和上交资料等。

7.1　选点与埋石

7.1.1　选点准备

选点、埋石之前，需要做好三个方面的工作：测区踏勘、资料收集和图上设计。

1. 测区踏勘

接受下达任务或签订 GPS 测量合同后，就可依据施工设计图踏勘、调查测区。主要调查了解下列情况，为编写技术设计、施工设计、成本预算提供依据。

① 交通情况：公路、铁路、乡村便道的分布及通行情况。

② 水系分布情况：江河、湖泊、池塘、水渠的分布，桥梁、码头及水路交通情况。

③ 植被情况：森林、草原、农作物的分配及面积。

④ 控制点分布情况：三角点、导线点、水准点、GPS 点及卫星定位连续运行基准站、多普勒点的等级、坐标、高程系统，点位的数量及分布，点位标志的保存状况等。

⑤ 居民分布情况：测区内城镇、乡村居民点的分布、食宿及供电情况。

⑥ 当地风俗民情：民族的分布、习俗及地方方言、习惯及社会治安情况。

2. 资料收集

根据踏勘测区掌握的情况，收集下列资料。

① 各类图件：1:10 万～1:1 万比例尺地形图、大地水准面起伏图、交通图。

② 各类控制点成果：三角点、导线点、水准点、GPS 点及卫星定位连续运行基准站、多普勒点及各控制点的资料，包括点之记、平面控制网及水准网的网图、成果表、技术总结、测区总体建设规划及近期发展规划等有关资料。

③ 测区有关的地质、气象、交通、通信等方面的资料。

④ 城市及乡村行政区划表。

3. 图上设计

完成踏勘和资料收集后，根据项目任务书或合同书的要求在图上进行设计，标绘出计划设站的区域。

7.1.2　选点

1. 观测站的基本要求

在选点时应注意如下问题。

① 测站四周视野开阔，高度角 15° 以上不允许存在成片的障碍物。测站上应便于安置 GPS 接收机和天线，可方便地进行观测。

② 远离大功率的无线电信号发射源（如电台、电视台、微波中继站），其距离不小于 200 m，以免损坏接收机天线。远离高压输电线和微波无线电信号传送通道，其距离不小于 50 m。

③ 测站应远离房屋、围墙、广告牌、山坡及大面积平静水面（湖泊、池塘）等信号反射物，以免出现严重的多路径效应。

④ 测站应位于地质条件良好、点位稳定、易于保护的地方，并尽可能顾及交通、有利于其他测量手段扩展和联测等条件。

⑤ 充分利用符合要求的已有控制点的标石和观测墩。

⑥ 应尽可能使所选测站附近的小环境（指地形、地貌、植被等）与周围的大环境保持一致，以避免或减少气象元素的代表性误差。

⑦ A 级 GPS 点位应符合 CH/T 2008—2005 的有关规定。

2. 辅助点和方位点

在某些特殊情况下，需要设置辅助点和方位点，具体要求如下。

① AA、A、B 级 GPS 点不位于基岩上时，宜在附近埋设辅助点，并测定与 GPS 点之间的距离和高差，精度应优于 5 mm。

② 可根据需要在 GPS 点附近设立方位点。方位点应与 GPS 点保持通视，离 GPS 点的距离一般不小于 300 m。方位点应位于目标明显、观测方便的地方。

3. 选点作业

选点作业应按如下要求进行。

① 选点人员应按照在图上选择的初步位置及对点位的基本要求，在实地最终选定点位，并做好相应的标记。

② 利用旧点时，应对旧点的稳定性、可靠性和完好性进行检查，符合要求时方可利用。

③ 点名应以该点位所在地命名，同一地点有多个控制点时，可在点名后加注（一）、（二）等予以区别。少数民族地区的点名应使用准确的音译汉语名，在音译后可附原文。

④ 新、旧点重合时，应沿用旧点名，一般不应更改。由于某些原因确需更改时，要在新点名后加括号注上旧点名。GPS 点与水准点重合时，应在新点名后的括号内注明水准点的等级和编号。

⑤ 新、旧 GPS 点（包括辅助点与方位点）均需在实地按规范要求的形式绘制点之记。所有内容均要求在现场仔细记录，不得事后追记。AA、A、B 级 GPS 点在点之记中应填写地质概要、构造背景及地形地质构造略图。

⑥ 点位周围存在高于 10° 的障碍物时，应按规范要求的形式绘制点的环视图。

⑦ 选点工作完成后，应按规范要求的形式绘制 GPS 网选点图。

4. 提交资料

选点工作完成后，应提交下列资料。

① 用碳素墨水笔填写的点之记（见表 7–1）和环视图。

② GPS 网选点图。

③ 选点工作总结。

表 7-1 GPS 点点之记

日期：　年　月　日　　　　记录者：　　　　　　绘图者：　　　　　　　校对者：

点名及种类	GPS 点	名		土　质		
		号				
	相邻点（名、号、里程、通视否）			标石说明		
				旧点名		
	所在地					
	交通路线					
	所在图幅号			概略位置	B	
					L	
（略图）						
备　注						

7.1.3 埋石

埋石包括埋设标石和建造观测墩等工作。

1. 标石

各级 GPS 点均应埋设固定的标石或标志。

GPS 点标石类型分为天线墩、基本标石和普通标石。A 级 GPS 点标石与相关设施的技术要求按 CH/T 2008—2005 的有关规定执行。B 级 GPS 点应埋设天线墩，C、D、E 级 GPS 点在满足标石稳定、易于长期保存的前提下，可根据具体情况选用。

2. 中心标志

各种类型的标石均应设有中心标志。基岩和基本标石的中心标志应用铜或不锈钢制作。普通标石的中心标志可用铁或坚硬的复合材料制作。标志中心应刻有清晰、精细的十字线或嵌入不同颜色的金属（不锈钢或铜）制作的直径小于 0.5 mm 的中心点。如果用于区域似大地水准面精化的 GPS 点，其标志还应满足水准测量的要求。图 7-1、图 7-2 分别是国内某勘察设计研究院所设计的观测墩及 GPS 接收机安置等。

图 7-1　GPS 观测墩　　　　　　　图 7-2　GPS 接收机安置

3. 强制对中装置

在进行高等级控制测量（A、B 级控制网）或特种精密工程测量（如大坝、水库、桥梁的控制变形监测）操作时，由于其精度要求特别高，大多建立附有强制对中装置的观测墩。常见的强制对中方法是在观测墩上埋设强制对中装置，并使用连接螺丝或连接杆直接连接仪器的相应部位，其对中误差一般可小于 0.1 mm。图 7-3 和图 7-4 分别为强制对中装置和安置了强制对中装置的观测墩。

图 7-3　强制对中装置　　　　　　图 7-4　安置了强制对中装置的观测墩

4. 埋石作业

埋石作业按如下要求进行。

① 各级 GPS 点的标石一般应用混凝土灌制。有条件的地方，也可以用整块花岗岩、青石等坚硬石料凿制，其规格不应小于同类混凝土标石的规定。埋设天线墩、基岩标石、基本标石时，应现场浇灌混凝土。

② 埋设标石时，各层标志中线应严格位于同一铅垂线上，其偏差不得大于 2 mm。强制对中装置的对中误差不得大于 1 mm。

③ 利用旧点时，应确认该标石完好，并符合同级 GPS 点埋石的要求，且能长期保存。上标石被破坏时，可以下标石为准重新埋设上标石。

④ 方位点上应埋设普通标石，并加适当标注，以便与控制点区分。

⑤ GPS 点埋石所占土地应经土地使用者或土地管理部门同意，并办理相关手续。新埋

标石及天线墩应办理测量标志委托保管书（一式三份）。利用旧点时，需对委托保管书进行核实。

⑥ AA、A、B、C 级点的标石埋设后至少需经过一个雨季、冻土地区至少需经过一个解冻期、基岩或岩层标石至少需经一个月后，方可用于观测。

⑦ B、C、D、E 级 GPS 点混凝土标石浇灌时，应在标石上压印 GPS 点的类别、埋设年代和"国家设施 请勿碰动"等字样。B 级 GPS 网点标石埋设后，宜在周围砌筑混凝土方井或圆井护框，其内径根据情况而定，但至少不小于 0.6 m，高为 0.2 m。荒漠、平原等不易寻找 GPS 点的地方，还需在 GPS 点旁埋设指示碑，规格见 CB/T 18314—2009。

5. 关键工序的控制

在标石建造的施工现场，应拍摄下列照片。

① 钢筋骨架照片，应能反映骨架捆扎的形状和尺寸。

② 标石坑照片，应能反映标石坑和基座坑的形状和尺寸。

③ 基座建造后照片，应能反映基座的形状及钢筋骨架或预制管安置是否正确。

④ 标志安置照片，应能反映标志安置是否平直、端正。

⑤ 标石整饰后照片，应能反映标石整饰是否规范。

⑥ 标石埋设位置远景照片，应能反映标石埋设位置的地貌景观。

6. 提交资料

埋石结束后应上交以下资料。

① GPS 点点之记。

② 土地占用批准文件与测量标志委托保管书。

③ 标石建造拍摄的照片。

④ 埋石工作总结。

7.2 GPS 接收机的维护和保养

CPS 接收机的日常维护和保养应按如下要求进行。

① GPS 接收机应指定专人保管。无论采用哪种运输方式，均要求有专人押运，并应采取防震措施，不得碰撞和重压。软盘驱动器在运输中应插入保护片或废磁盘。

② 作业期间，应严格遵守技术规定和操作要求。作业人员培训合格后方可上岗，未经允许，其他人员不得擅自操作仪器。

③ 接收机应注意防震、防潮、防尘、防蚀、防辐射。电缆线不得扭折，不得在地面上拖拉其接头和连接器，保持清洁。

④ 观测结束后，应及时擦净接收机上的水汽和尘埃，并及时存放在仪器箱内。仪器箱应放置在通风、干燥、阴凉处。箱内的干燥剂呈粉红色时，应及时更换。

⑤ 接收机交接时，应按规定的一般检视项目进行检查，并填写交接记录。

⑥ 接收机在使用外接电源前，应检查电源电压是否正常、电池正负极是否接反。

⑦ 当将接收机天线置于楼顶、高标及其他设施的顶端进行观测作业时，应采用加固措施。雷雨天进行观测时，应安装避雷设施或停止观测。

⑧ 接收机在室内存放期间，室内应定期通风，每隔 1~2 个月应通电检查一次。接收机内的电池要保持充满电的状态，外接电池应按要求按时充电放电。

⑨ 严禁私自拆卸接收机各部件。发生故障时，应认真记录并报告有关部门，请专业人员进行维修。

7.3　GPS 接收机的选用与检验

7.3.1　GPS 接收机的选用

不同等级 GPS 点测量对接收机有不同的要求，具体如表 7－2 所示。

表 7－2　GPS 接收机的选用（GB/T 18314—2009）

级别	AA	A	B	C	D、E
单频/双频	双频/全波长	双频/全波长	双频	双频或单频	双频或单频
至少应具有的观测量	L1，L2 载波相位	L1，L2 载波相位	L1，L2 载波相位	L1 载波相位	L1 载波相位
同步观测的接收机数量	≥5	≥4	≥4	≥3	≥2

理论上，在一个时段中，用于观测的接收机数量越多，网中直接联测点的数量就越多，网的结构就越好；另外，测量推进的速度也就越快。但是，可供使用的接收机和观测小组的数量是有限的，且作业调度的复杂度和搬站时间也将随着仪器数量的增加迅速增大。为了既保证作业效率，又降低作业调试的复杂度和减少搬站时间，在一般的工程应用中，接收机的数量以 4～6 台为宜，且最好为偶数。

7.3.2　GPS 接收机的检验

GPS 测量工作所采用的接收设备，都必须对其性能和可能达到的精度水平进行检验，合格后方能参加作业。尤其对于新购置的设备，应按规定进行全面的检验。接收机全面检验的内容包括一般检视、通电检验、试测检验和随机数据后处理软件的检验。

1. 一般检视

一般检视包括以下内容。

① GPS 接收机及其天线的外观是否良好，外层涂漆是否有剥落，是否有挤压摩擦造成的伤痕，仪器、天线等设备的型号是否正确。

② 各种零部件及附件、配件等是否齐全完好，是否与证件匹配。

③ 需紧固的部件是否有松动和脱落的现象。

④ 仪器说明书、使用手册、操作手册及磁（光）盘等是否齐全。

2. 通电检验

通电检验包括以下内容。

① 有关的信号灯工作是否正常。

② 按键、显示系统和仪表工作是否正常。

③ 仪器自测试的结果是否正常。

④ 接收机锁定卫星的时间是否正常，接收到卫星信号的强度是否正常；卫星信号的失锁情况是否正常。

3. 试测检验

接收机试测检验的内容如下。

① 电池、电缆、电源是否完好。

② 天线或基座上的圆水准器和光学对中器工作是否正常,在作业期间至少 1 个月检校一次。

③ 天线高专用尺是否完好,精度是否符合要求,在作业期间至少 1 个月检校一次。

④ 数据传录设备及专用软件是否齐全,性能是否正常。

⑤ 通风干湿温度计、空盒气压表和其他辅助设备工作是否正常,且应定期送计量检定部门检验,并在有效期内使用。

⑥ 数据后处理软件是否齐全。

试测检验应在不同长度的标准基线上或专设的 GPS 测量检验场进行。标准基线的相对精度应不低于被检验接收设备的标称精度。试测检验是接收设备检验的主要内容之一,凡是用于精密定位的接收设备,都应按作业时间的长短,至少在每年出测前检验一次。

随着 GPS 接收机硬件与软件的不断改善,对 GPS 接收机的检验内容和方法会有所变化。现将测量型 GPS 接收机主要的检验内容及检验方法介绍如下。

① 接收机的内部噪声是由接收机通道间的偏差(检验改正后的残差)、延迟锁相环路的误差及机内信号噪声等引起的。此项检验可采用零基线法或超短基线法进行,条件允许时,应尽可能采用零基线法。在进行零基线检验时,同一天线输出的信号通过"GPS 功率分配器"(简称功分器)分为功率和相位都相同的两路或多路信号送往两台或多台 GPS 接收机,然后依据各接收机接收的信号组成双差观测值来解算基线向量。显然,这些基线向量的理论值均应为零。采用零基线法检验接收机的噪声水平时,其结果不受卫星星历误差、天线的平均相位中心误差、电离层延迟和对流层延迟、多路径误差及天线的对中、整平、定向和量高误差等因素的影响,故精度较高。

② 在高度角 10° 以上无障碍物的开阔地带安置天线,连接天线、功分器和 GPS 接收机,对 4 颗或 4 颗以上的 GPS 卫星进行 1~1.5 h 的同步观测,应用厂方提供的随机软件(即随接收机一起购买的配套数据处理软件)对基线向量进行解算,所求得的坐标分量均应小于 1 mm。由以上叙述可知,在这项检验中,功分器的质量对保障接收机内部噪声水平检验的可靠性是极其重要的。

③ 当用户没有功分器时,可采用超短基线法进行检验。检测方法如下:在地势平坦、对空视野开阔的地区,在相距数米的地方安置两个或多个接收机天线,各天线都将接收到的信号分别送往对应的 GPS 接收机,接下来的做法与零基线法完全相同。由于各接收机的信号来自不同的天线,故天线安置误差(对中、定向、整平、量高等误差)将影响检测结果。但由于各天线间仅相距数米,所以卫星星历误差、大气延迟误差等影响可忽略不计。如果超短基线法检验不是在 GPS 接收机检定场中进行,通常基线向量的标准值也难以求得。这时一般只能进行基线长度比对,而无法进行基线分量的比对。

4. 随机数据后处理软件的检验

随机数据后处理软件是 GPS 接收设备的重要组成部分。对其所具有的功能,一般是通过实测的计算工作来进行检验的。对测量型 GPS 接收机,其主要检验内容包括:卫星预报及观测计划拟定功能的检验;静态定位软件和网平差软件功能的检验;快速静态定位软件和实时定位软件功能的检验等。通过上述检验,在数据处理的精度、使用的自动化水平、对观测数据的筛选、周跳的判别与修复、整周未知数的解算能力及网平差的功能等方面做出评价。

7.4 作 业 调 度

作业调度的内容主要包括：拟定观测计划、同步图形的连接方式与迁站方案等。

7.4.1 拟定观测计划

数据采集或观测工作是 GPS 测量的主要外业工作。所以，在观测工作开始之前，仔细拟定观测计划，对于顺利完成观测任务、保障测量成果的精度、提高效益都是极为重要的。观测计划应包括：观测工作量的设计与计算、观测进程及调度计划、外业进度估算及项目成本预算等。

1. 观测工作量的设计与计算

外业观测的工作量，与用户的要求精度和采用的接收机类型和数量，以及作业模式等因素有关。GPS 网观测工作量的设计，除要考虑观测工作的效率外，还必须保证网的精度和可靠性。

当参加作业的接收机数量为 k_i 时，则每一时段可得的观测基线向量数为

$$k_i(k_i-1)/2,$$

其中包括独立观测向量数 (k_i-1) 和多余观测向量数 $(k_i-1)(k_i-2)/2$。

假设 n_p 为 GPS 网的点数，n_r 为相对定位的观测时段数，则在采用边连接方式推进时，所需观测时段的总数 N_T 可按下式估算

$$N_T = \left(1 + \frac{n_p - k_i}{k_i - 2}\right) n_r$$

2. 观测进程及调度计划

外业观测进程及调度计划的拟定对于顺利完成数据采集任务、保证测量精度和提高工作效益都极为重要。拟定观测进程及调度计划的主要依据如下。

① GPS 网的规模大小。

② 点位精度要求。

③ GPS 卫星星座几何图形强度。

④ 参加作业的接收机数量。

⑤ 交通、通信及后勤保障。

观测进程及调度计划的主要内容如下。

① 编制 GPS 卫星的可见性预报图。在截止高度角大于 15° 的限制条件下，输入测站的概略坐标，输入日期和时间，根据距观测时间不超过 20 天的卫星星历编制 GPS 卫星的可见性预报图。

② 选择卫星的几何图形强度。在 GPS 定位中，所测卫星与观测站所组成的几何图形，其强度因子可用空间位置精度衰减因子（PDOP）表示。无论是绝对定位还是相对定位，PDOP 值均应不大于 6。

③ 选择最佳的观测时段。可观测卫星数不少于 4 颗且分布均匀、PDOP 值小于 6 的时段为最佳时段，如图 7-5、图 7-6、图 7-7 所示。

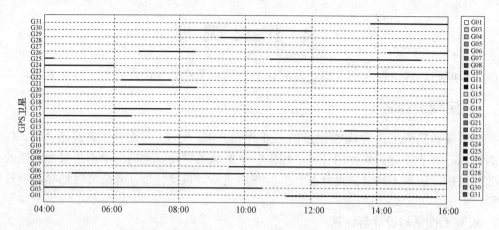

测站 Trimble Total Control　北36°0′　西 120°0′　高程 58 m　截止高度角15°　障碍物0%
时间 2012-6-30　04:00-2012-6-30　14:00（CMT+0.0h）　卫星 28 GPS 28　（Almanac, alm）

图 7-5　卫星可见性

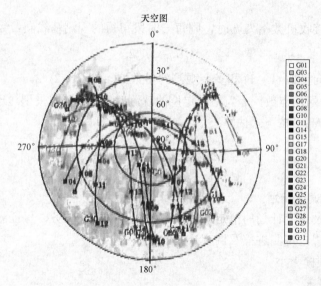

测站 Trimble Total Control　北36°0′　西 120°0′　高程 58 m　截止高度角15°　障碍物 0%
时间 2012-6-30　04:00-2012-6-30　16:00（CMT+0.0h）　卫星 28 GPS 28　（Almanac,alm）

图 7-6　卫星运行轨迹

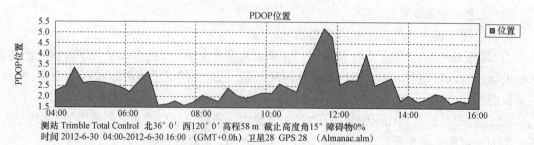

测站 Trimble Total Conlrol　北36°0′　西120°0′　高程58 m　截止高度角15°　障碍物0%
时间 2012-6-30 04:00-2012-6-30 16:00　（GMT+0.0h）卫星28 GPS 28　（Almanac.alm）

图 7-7　PDOP 位置

④ 观测区域的设计与划分。当 GPS 网的点数较多、网的规模较大，而参加观测的接收机数量有限、交通和通信不便时，可实行分区观测。为了增强网的整体性，提高网的精度，部分区应设置公共观测点，且公共点数量不得少于 4 个。

⑤ 编排作业调度表。项目负责人或技术负责人应在观测前根据测区的地形、交通状况网的大小、精度的高低、仪器的数量、GPS 网设计、卫星预报表和测区的天时、地理环境等编制作业调度表，以提高工作效率。作业调度表包括观测时段、测站号或名称及接收机号等。GPS 作业调度表如表 7−3 所示。

表 7−3　GPS 作业调度表

观测时段	观测时间	测站号或名称	测站号或名称	测站号或名称	测站号或名称	测站号或名称
		接收机号	接收机号	接收机号	接收机号	接收机号
1						
2						
3						

3. 外业进度估算及项目成本预算

（1）外业进度估算

影响 GPS 外业进度的主要因素包括 GPS 网的规模和等级、拟采用的 GPS 接收机的数量、拟采用的车辆的数量、迁站所耗费的时间及日工作时间等。

将理论最少观测时段数 $S_{\min}$ 除以每天设计观测时段数 S_p，就可计算出最少工作天数 $d_{\min}$，即

$$d_{\min} = \mathrm{ceil}\left(\frac{S_{\min}}{S_p}\right)$$

加上作业期间的休息日 d_0，并考虑由于实际作业时为保证网形结构在某些点上观测时段数超出所要求的平均重复设站次数，以及为了应付不可预期的情况而增加的额外工作天数 d_i，就可以计算出预期完成项目（外业观测）所需的天数 d_e，即

$$d_e = d_{\min} + d_0 + d_i$$

例如，假定有一个 53 个点的 C 级网项目，用 4 台 GPS 接收机采用静态定位的方法进行观测。根据 GB/T 18314—2009 的要求，C 级网平均重复设站次数不低于 2，这样理论最少观测时段数 $S_{\min}$ 为

$$S_{\min} = \mathrm{ceil}\left(\frac{R_n}{m}\right) = \mathrm{ceil}\left(\frac{2 \times 53}{4}\right) = \mathrm{ceil}(26.5) = 27 \quad (\text{时段})$$

根据 GB/T 18314—2009 的要求，采用静态定位方法测量 C 级网，观测时段长度不得低于 240 min，假定根据点间距离和交通状况，每期之间搬站所需的时间计划为 60 min，并顾及午休或其他情况所需的时间，预期每日设计观测时段数为 2，则最少工作天数 $d_{\min}$ 为

$$d_{\min} = \mathrm{ceil}\left(\frac{S_{\min}}{S_{\mathrm{p}}}\right) = \mathrm{ceil}\left(\frac{27}{2}\right) = \mathrm{ceil}\,(13.5) = 14 \quad （天）$$

由于项目的工作天数不长，不计划安排休息日，即 $d_0 = 0$，但为应付各种复杂情况，预期需要 3 天额外的工作天数，即 $d_{\mathrm{i}} = 3$，这样预期完成项目外业观测所需的天数 $d_{\min}$ 为

$$d_{\mathrm{e}} = d_{\min} + d_0 + d_{\mathrm{i}} = 14 + 0 + 3 = 17 \quad （天）$$

（2）项目成本预算

项目成本预算需要考虑如下成本支出。

① 项目设计成本。

② 踏勘、选点、埋石成本。

③ 差旅费。

④ 成果资料收集整理成本。

⑤ 外业作业期间每日的支出，包括人员工资、食宿、交通、仪器设备等费用，这些费用可以根据每天的支出乘以预期完成项目外业观测所需天数得出。

⑥ 内业（含成果计算、报告等）成本。

7.4.2　同步图形的连接方式

在 GPS 网建立时，通常网中点的数量要远远多于用来观测的 GPS 接收机的数量，这就需要采用逐步推进方式的同步图形扩展法来进行网测量。采用同步图形推进的作业方式具有作业效率高、图形强度好等特点，它是目前 GPS 测量中普遍采用的一种推进方式。

采用同步图形推进方式建立 GPS 网时，根据连接点的数量可将同步图形之间的连接方式分为点连式、边连式和网连式三种基本形式。

1. 点连式

所谓点连式，就是指在观测作业时，相邻的同步图形之间只通过一个公共点相连（见图 7-8）。点连式观测作业方式的优点是作业效率高，图形扩展迅速；缺点是图形强度低，如果连接点发生问题，将影响后面的同步图形。

2. 边连式

所谓边连式，就是指在观测作业时，相邻的同步图形之间有一条边（即两个公共点）相连（见图 7-9）。边连式观测作业方式具有较好的图形强度和较高的作业效率。

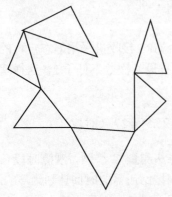

图 7-8　点连式（3 台仪器作业）

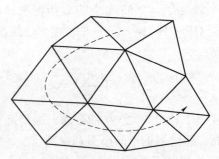

图 7-9　边连式（4 台仪器作业）

3. 网连式

所谓网连式，就是指在作业时，相邻的同步图形之间有 3 个以上（含 3 个）的公共点相连（见图 7-10）。显然，采用网连式至少需要 4 台以上（含 4 台）的接收机参与观测。采用网连式观测作业方式，所测设的 GPS 网具有很强的图形强度，但网连式观测作业方式的作业效率较低。

在实际的 GPS 作业中，并不是单独采用上面所介绍的某一种观测作业方式，而是根据具体情况，有选择地灵活采用这几种方式作业，这种观测作业方式称为混连式（见图 7-11）。混连式实际上是点连式、边连式和网连式的结合。

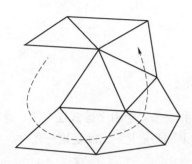
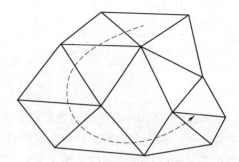

图 7-10　网连式（4 台仪器作业）　　　　图 7-11　混连式（4 台仪器作业）

7.4.3　迁站方案

迁站方案是在连续多个时段的观测作业期间，各小组的调度部署计划。它是调度方案的核心内容，解决的是何组、何时在何点进行测量，以及如何到达该点的问题。在制订迁站方案时，需要考虑以下因素。

① 一天内观测时段的数量。

② 迁站及设备安置和拆卸时间。

③ 每点的观测次数。

④ 可供使用的车辆。

⑤ 观测小组成员对点位和到达点位的交通路线的熟悉程度。

⑥ 点与点之间的交通状况。

制订迁站方案的基本原则是：高可靠、高精度和高效率。在工程应用中，常用的迁站方案有平推式、翻转式和伸缩式等。

1. 平推式

平推式迁站法的基本原则是：在进行同步图形的推进时，各小组从一点到另一点的路线距离长度基本一致，且每组运动的距离最短。为了满足上述要求，在推进时，通常所有的小组都需要迁站，每个小组基本上都是向前迁到邻近的一个点，如图 7-12 所示。

① 从理论上看，平推式迁站法的效率很高，因为每个小组在一个共同的时间里进行迁站，时间利用率非常高。另外，平推式迁站法也提高了测量成果的可靠性，因为在网中将会有许多的点是由不同的小组采用不同的设备测量的。

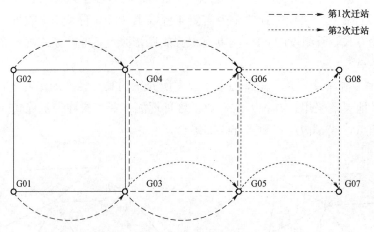

图 7-12 平推式迁站法

② 在实际工程应用中，迁站需要车辆来运送人员和设备。采用平推式迁站法，需要为每个小组配备车辆，这将大大增加作业单位的投入，在很多情况下无法满足这一条件。在车辆不足的情况下，平推式的作业效率将大大降低。

③ 平推式迁站法在很多时间里将出现所有小组同时迁站的情况，各小组在作业期间不停运动，既加大了作业强度，也加大了由于某小组出现意外而导致整个观测作业延误的可能性，同时还增加了各小组协同的难度。

2. 翻转式

翻转式迁站法的基本原则是：在进行同步图形扩展时，一部分小组留在原测站上，另一部分小组则迁站到新的测站上；在进行下一次同步图形扩展时，上一次留在原测站上的小组迁站，而上一次迁站的小组则留在原测站上（见图 7-13）。

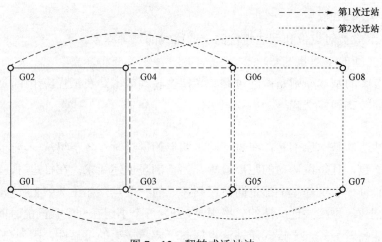

图 7-13 翻转式迁站法

翻转式迁站法的调度比较简单，各作业小组在外业观测过程中的作业强度较小。但是，这种方式无法发现上站发生错误的情况。另外，为了削弱仪器对中、整平误差的影响，在原测站上连续观测多个时段的小组一般要在进行每个时段的测量时重新安置仪器。

3. 伸缩式

伸缩式迁站法也就是小组轮流迁站，其具体原则是：在开始进行同步图形扩展时，位于扩展方向后部的数个小组留在测站上，位于扩展方向前部的数个小组则迁站到新的测站上；到了下一次同步图形扩展时，位于后部的数个小组迁至前面小组在前次迁站前的测站上，而位于前部的小组留在测站上。以此类推，完成整个网的测量（见图 7-14）。

伸缩式迁站法的特点是所构成网的边长长短结合，精度均匀；每个点都采用不同的仪器进行观测，有利于发现一些人为误差。不过，与翻转式迁站法相比，伸缩式迁站法的调度略显复杂，而且每个小组需要寻找更多的点。

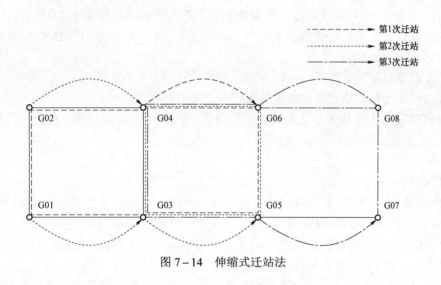

图 7-14　伸缩式迁站法

7.5　数　据　采　集

7.5.1　数据采集概述

1. 基本技术要求

① AA、A、B 级 GPS 测量中的观测时间段应尽可能日夜均匀分布。夜间观测时间段最少不得少于总时段的 25%。夜间观测从日落后 1 h 起算至次日日出时为止。

② AA、A、B 级 GPS 测量时还应记录各项气象元素和天气状况。

③ C、D 和 E 级 GPS 测量可不观测气象元素，而只记录天气状况。各站的观测数据文件中应包括测站名或测站号、观测单元、测站类型（是参考站还是流动站）、日期、时段号等信息。

④ 雷电、风暴天气不宜进行 AA、A、B 级 GPS 测量。

表 7-4 为各级 GPS 网测量的基本技术要求（GB/T 18314—2009），其中相关说明如下。

表 7-4　各级 GPS 网测量的基本技术要求（GB/T 18314—2009）

级别 项目	AA	A	B	C	D	E
卫星截止高度角/°	10	10	10	15	15	15
同时观测有效卫星数	≥4	≥4	≥4	≥4	≥4	≥4
有效观测卫星总数	≥20	≥20	≥20	≥6	≥4	≥4
观测时段数	≥10	≥6	≥4	≥2	≥1.6	≥1.6
时段长度（静态）			≥23 h	≥4 h	≥60 min	≥40 min
采样间隔/s	30	30	30	10～30	10～30	10～30
时段中任一卫星有效观测时间/min			≥15	≥15	≥15	≥15

① AA、A 级 GPS 网属于连续运行参考站，其观测的技术要求详见 CH/T 2008—2005。

② 有效观测卫星是指连续观测不短于一定时间的卫星，对于 B、C、D 和 E 级 GPS 网测量，该时间为 15 min。

③ 计算有效观测卫星数时，应将各时段的有效观测卫星数扣除重复卫星数。

④ 时段长度为从开始记录数据至结束记录之间的时间段。

⑤ 观测时段数大于或等于 1.6 是指采用网观测模式时，每测站至少观测一时段，其中 60% 的测站至少观测两个时段。

2. 准备工作

（1）接收机配备

接收机配备要考虑类型和数量两个方面的问题。GPS 接收机是建立 GPS 网的关键设备，其性能和质量直接关系到观测成果的质量。不同等级的 GPS 测量对接收机有不同的要求，在 GPS 网测量中，所采用的接收机类型应满足尽可能采用双频全相位接收机进行观测，这样有利于周跳探测、电离层折射影响的消除及观测值质量的保证。

理论上，在一个时段中，用于观测的接收机数量越多，网中直接联测点的数量就越多，网的结构就越好；另外，测量推进的速度也就越快。但是，可供使用的接收机和观测小组的数量是有限的，且作业调度的复杂度也将随着仪器数量的增加迅速增大。为了既保证作业效率又降低作业调试的复杂度，在一般的工程应用中，接收机的数量最好为偶数，数量为 4～6 台。GPS 测量在进行外业观测期间，接收机必须设置统一的卫星截止高度角和采样间隔参数。

（2）接收机参数设置

规范中给出的卫星截止高度角和采样间隔参数应理解为上限值，实际作业时，可根据接收机存储器容量、观测精度要求及观测时段的长短适当减少它们的设置值，如卫星截止高度角可低至 5°，采样间隔可短至 5 s。

（3）设站及观测记录

① 预热与静置。

② 对中、整平。天线安放在三脚架上时可用光学对中器或用垂球进行对中。

③ 定向。安置 GPS 接收机的天线时，应将天线上的标志线指北，误差不超过 5°。在一般地区可采用罗盘仪来定向。若测站周围有许多钢铁构件或附近有铁矿，应根据通视点大地

方位角来定向；若周围无通视点，则应用天文方法来定向。若同一日时段中有的接收机用磁北方向定向、有的接收机用真北方向定向时，应考虑加磁偏角改正。测出正北方向后应作固定标志，以备以后观测时使用。

④ 量仪器高。用专用量高设备或钢卷尺在互为 120° 的三处量取天线高，当互差不大于 3 mm 时取中数采用；否则应重新对中，整平天线后再量取。

⑤ 拆除觇标。天线安置在觇标的基板上时应将基板以上的觇标拆除。GPS 点上建有寻常标时，应拆除觇标后再进行观测。拆除有困难时可采用偏心观测的方法解决。

3. 数据采集

GPS 网的数据采集应按如下要求进行。

① 各作业小组必须严格遵守调度命令，按规定的时间进行作业。

② 检查接收机电源、电缆和天线等连接无误后方可开机。

③ 只有在有关指示灯和仪表显示正常后方可进行接收机的自我测试，输入测站、观测单元和时段等控制信息。

④ 在观测前和作业过程中，作业员应随时填写测量手簿中的记录项目。

⑤ 接收机开始记录数据后，观测员可用专用功能键和菜单来查看相关信息，如接收的卫星数、卫星编号、卫星的健康状况、各通道的信噪比、单点定位结果、余留的内存量及电池的电量等。发现上述数据有异常时，应及时记录在手簿的备注栏内，并向上级报告。

⑥ 每时段始末各记录一次观测卫星号、天气状态、实时定位的 PDOP 值等。需要记录气象元素的等级 GPS 网点，每时段至少应记录两次气象元素，一次在时段开始时，一次在时段结束时。当时段长度超过 2 h 时，应在整点时增加记录一次，夜间可每隔 4 h 记录一次。气象观测时所用的干湿温度计应悬挂在测站附近，与天线相位中心大致同高，悬挂地点应通风良好，避开阳光直射。

⑦ 当测站附近的小环境与周围的大环境不一致时，可在合适处量测气象元素。

⑧ 每时段观测前后各量取天线高一次。两次之差不应大于 3 mm，并取中数作为最后的天线高。

⑨ 除特殊情况外，一般不得进行偏心观测。迫不得已进行时，应精确测定归心元素，其方法可参阅 GB/T 18314—2009。

⑩ 观测时在接收天线 50 m 以内不得使用电台，10 m 以内不得使用对讲机。

⑪ 天气太冷时，可对接收机适当进行保温和加热。天热时，应避免阳光直射接收机，以确保接收机能正常工作。

⑫ 在一个时段的观测过程中不允许进行下列操作：

● 关机后重新启动接收机；

● 进行仪器自检；

● 改变截止高度角或采样间隔；

● 改变天线位置；

● 关闭文件或删除文件。

⑬ 观测期间防止接收机设备震动，更不得移动天线，要防止人员或其他物体碰动天线或阻挡信号。

⑭ 经认真检查所有预定的作业项目均已全面完成且符合要求，记录和资料完整无误后，方可迁站。

⑮ 进行快速静态定位时,在同一观测单元内参考站的观测不能中断;参考站和流动站的采样间隔应保持一致,且不能中途变更。

7.5.2 记录

1. 记录类型

GPS 测量时,所获得的记录包括以下三类。

① 存储在各种存储介质(磁盘、磁带、光盘、移动存储设备等)中的观测记录。

② 测量手簿。

③ 观测计划、偏心观测资料等其他记录。

2. 记录内容

(1)观测记录

观测记录的主要内容如下。

① C/A 码及 P 码伪距、载波相位观测值。

② 观测时刻。

③ 卫星星历(历书)。

④ 测站及接收机的初始信息:测站名、观测单元号、参考站或流动站、时段号、测站的近似坐标、接收机编号和天线编号、天线高、观测日期、采样间隔、截止高度角等。

(2)测量手簿

测量手簿分为以下四种。

① AA、A、B 级静态定位测量手簿。

② C、D、E 级静态定位测量手簿。

③ 快速静态定位中的参考站测量手簿。

④ 快速静态定位中的流动站测量手簿。

7.5.3 数据预处理与外业观测成果的质量检核

1. 数据预处理

(1)数据处理软件及选择

GPS 网数据处理分为基线解算和网平差两个阶段。各阶段数据处理软件可采用随机软件或正式鉴定的软件(如 Trimble 接收机的 TGO 软件等),对于高精度的 GPS 网成果处理也可选用国际著名的 GAMIT/GLOBK、BERNESE、GIPSY、GFZ 等软件。

(2)基线解算

预处理的主要目的是对原始数据进行编辑、加工整理、分流并产生各种专用信息文件为进一步的平差计算做准备。它的基本内容如下。

① 数据传输。将 GPS 接收机记录的观测数据传输到磁盘或其他介质上。

② 数据分流。从原始记录中,通过解码将各种数据分类整理,剔除无效观测值和冗余信息,形成各种数据文件,如星历文件、观测文件和测站信息文件等。

③ 统一数据文件格式。将不同类型接收机的数据记录格式、项目和采样间隔,统一为标准化的文件格式,以便统一处理。

④ 卫星轨道的标准化。采用多项式拟合法,平滑 GPS 卫星每小时发送的轨道参数,使观测时段的卫星轨道标准化。

⑤ 探测周跳，修复载波相位观测值。

⑥ 对观测值进行必要改正。在 GPS 观测值中加入对流层改正，在单频接收机的观测值中加入电离层改正。

基线向量的解算一般采用多站、多时段自动处理的方法，具体处理时应注意以下几个问题。

① 基线解算一般采用双差相位观测值，对于边长超过 30 km 的基线，解算时也可采用三差相位观测值。

② 采用卫星广播星历坐标值作为基线解算的起算数据。对于特大城市的首级控制网，也可采用精密星历作为基线解算的起算数据。

③ 基线解算中所需的起算点坐标，应采用如下优先顺序：

● 国家 GPS A、B 网控制点或其他高级 GPS 网控制点的已有 WGS84 系坐标；

● 国家或城市较高等级控制点转换到 WGS84 系后的坐标值；

● 不少于观测 30 min 的单点定位结果的平差值提供的 WGS84 系坐标。

④ 在采用多台接收机同步观测的一个同步时段中，可采用单基线处理模式解算，也可只选择独立基线按多基线处理模式统一解算。

⑤ 对于同一级别的 GPS 网，根据基线长度的不同，可采用不同的数据处理模型。但是对于 0.8 km 以内的基线，需采用双差固定解；对于 30 km 以内的基线，可在双差固定解和双差浮点解中选取最优结果；对于 30 km 以上的基线，可采用三差解作为基线解算的最终结果。

⑥ 对于所有同步观测时间短于 30 min 的快速定位基线，必须采用合格的双差固定解作为基线解算的最终结果。

2. 外业观测成果的质量检核

外业观测结束后，应及时从接收机中下载数据并进行数据处理，以便对外业数据的质量进行检核。检核的内容包括观测记录的完整性、合理性及观测成果的质量。

（1）观测记录的完整性及合理性检核

观测记录的完整性可由各作业小组在野外进行，也可以在完成观测时段或每天在数据提交给内业数据处理时进行，具体包括下列检查项目。

① 记录手簿中的内容是否完整，是否按要求量测了天线高，天线类型及量测方式是否正确，天线高的数值是否合理（是否与通常的情况相比偏高或偏低，若发生这种情况，需要与外业作业人员进行核实）。

② 通过点位略图和测量近似坐标等判定设站是否正确，若发现与点之记或原设计坐标存在较大差异，需要与外业作业人员进行核实。

③ 在观测时若采用的是偏心观测的方法，是否采用了合适的量测方法将所测量的点与地面标志连接起来。

（2）观测成果的质量检核

观测成果的质量检核的内容如下。

① 数据剔除率。剔除的观测值个数与获取的观测值总数的比值称为数据剔除率。同时段观测值的数据剔除率应小于 10%。

② 重复基线检核。同一条基线边若观测了多个时段，则可得到多个基线结果。这种具有多个独立观测结果的基线就是重复观测基线。重复观测基线任意 2 个时段的成果互差，均应小于相应等级规定精度（按平均基线长计算）的 2 倍。

③ 同步观测环检核。当环中各边为多台接收机同步观测时，由于各边的不独立，所以其闭合差在理论上恒为 0。但是由于模型误差和处理软件的内在缺陷，使得这种同步环的闭合差实际上仍可能不为 0。这种闭合差一般很小，不至于对定位结果产生明显影响，所以也可把它作为成果质量的一种检核标准。

一般规定，三边同步环中第三边处理结果与前两边的代数和之差应满足下列条件。

$$w_x \leqslant \frac{\sqrt{3}}{5}\sigma, \ w_y \leqslant \frac{\sqrt{3}}{5}\sigma, \ w_z \leqslant \frac{\sqrt{3}}{5}\sigma$$

$$w_s \leqslant (w_x^2 + w_y^2 + w_z^2)^{\frac{1}{2}} \leqslant \frac{3}{5}\sigma$$

式中：σ 为相应级别的规定中误差（按平均边长计算）。

若同步环由 n 条边组成，则其闭合环的分量闭合差不应大于 y_0，而环闭合差

$$w_s = (w_x^2 + w_y^2 + w_z^2)^{\frac{1}{2}} \leqslant \frac{\sqrt{3n}}{5}\sigma$$

④ 异步观测环检核。无论是采用单基线模式或是多基线模式解算基线，都应在整个 GPS 网中选取一组完全独立的基线构成独立环，各独立环的坐标分量闭合差和全长闭合差应符合以下各式，即

$$w_x \leqslant 3\sqrt{n}\sigma, \ \ w_y \leqslant 3\sqrt{n}\sigma, \ \ w_z \leqslant 3\sqrt{n}\sigma, \ \ w_s \leqslant 3\sqrt{3n}\sigma$$

当发现边闭合差或环闭合差超限时，应分析原因并对其中部分或全部成果重测。需要重测的边应尽量安排在一起进行同步观测。

7.6 技术总结、成果验收和上交资料

数据采集和数据处理完成后，应及时撰写技术总结，进行成果验收并上交有关资料。如果数据处理工作也是由外业观测单位自己来完成的，那么成果验收和上交资料可在数据处理工作结束后进行（进行低等级小范围的 GPS 测量时通常采用这种模式）。如果外业观测工作结束后，数据处理工作交由专门机构来进行（如 A 级网、B 级网等高精度 GPS 网），则在上交外业观测资料时就应对外业观测资料进行检查验收。

1. 技术总结

GPS 数据采集和数据处理结束后，应及时编写技术总结，其内容要点如下。

① 项目名称、任务来源、施测目的与精度要求。

② 测区范围与位置，自然地理条件，气候特点，交通及电信、电源情况。

③ 测区已有测量标志情况。

④ 施测单位、作业时间、技术依据及作业人员情况。

⑤ 接收设备的类型、数量和检验情况。

⑥ 选点与埋石情况，观测环境评价及原有测量标志的重合情况。

⑦ 观测实施情况、观测时段选择、补测与重测情况及作业中发生与存在的问题说明。

⑧ 观测数据质量的检核情况，起算数据，数据处理的内容、方法及所采用的软件情况。

⑨ 工作量与定额计算。

⑩ 成果中尚存在的问题与必须说明的其他问题。

⑪ 必要的附表与附图。

2. 成果验收

成果验收按 CH 1002—1995 的有关规定进行。交送验收的成果包括观测记录的存储介质及其备份，记录的内容和数量应齐全，各项注记和整饰应符合要求。

验收的重点如下。

① 实施方案是否符合规范和技术设计的要求。

② 补测、重测和数据剔除是否合理。

③ 数据处理软件是否符合要求，处理项目是否齐全，起算数据是否正确。

④ 各项技术指标是否符合要求。

注意：若数据处理工作由专门机构进行，则验收项目不含第③项。验收完成后，应写出成果验收报告。在验收报告中，应根据 CH 1003—1995 的有关规定对成果质量进行评定。

3. 上交资料

完成数据采集和数据处理后，应上交如下资料。

① 测量任务书或测量合同书、技术设计书。

② 点之记、测站环视图、测量标志委托保管书、选点资料和埋石资料。

③ 接收机、气象仪器及其他仪器的检验资料。

④ 外业观测记录、测量手簿及其他记录。

⑤ 数据处理中生成的文件、资料和成果表。

⑥ GPS 网展点图。

⑦ 技术总结和成果验收报告。

注意：若数据处理工作由专门机构进行，则外业作业单位在上交观测数据时，除不含第⑤项外，第⑦项也仅含外业观测工作。

 复习题

1. GPS 外业测量选点、埋石之前，需要做好哪些方面的工作？

2. GPS 接收机的日常维护和保养应按哪些要求进行？

3. GPS 测量前，接收机应该如何检验？

4. GPS 测量作业调度的内容主要包括哪些？

5. 简述 GPS 网同步图形的连接方式。

6. GPS 数据采集和数据处理结束后，编写技术总结的内容要点包括哪些？

第8章 GPS 基线解算

本章导读

本章主要介绍了 GPS 基线解算模式；基线解算的过程及输出结果；基线解算质量的控制指标、参考指标及基线的精化处理。

8.1　GPS 基线解算概述

在基线解算过程中，由多台 GPS 接收机在野外通过同步观测所采集到的观测数据，被用来确定接收机间的基线向量及其方差-协方差阵。对于一般工程应用，基线解算通常在外业观测期间进行；而对于高精度、长距离的应用，在外业观测期间进行基线解算，通常是为了对观测数据质量进行初步评估，正式的基线解算过程往往是在整个外业观测完成后进行的。基线解算结果除了被用于后续的网平差外，还被用于检验和评估外业观测成果的质量。基线向量提供了点与点之间的相对位置关系，并且与解算时所采用的卫星星历同属一个参照系。通过这些基线向量，可确定 GPS 网的几何形状和定向。

GPS 基线向量是利用由 2 台或 2 台以上 GPS 接收机所采集的同步观测数据形成的差分观测值，通过参数估计的方法计算的接收机之间的三维坐标差。与常规地面测量中所测定的基线边长不同，基线向量是既具有长度特性又具有方向特性的矢量，而基线边长则是仅具有长度特性的标量，如图 8-1 所示。

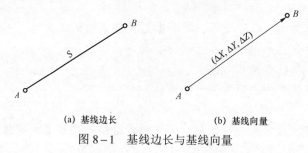

(a) 基线边长　　　　　(b) 基线向量

图 8-1　基线边长与基线向量

在一个基线解算结果中，可能包含很多项内容，但其中最主要的只有两项，即基线向量估值及其方差-协方差阵。

理论上，只要 2 台接收机之间进行了同步观测，就可以利用它们所采集的同步观测数据，确定它们之间的基线向量。这样，若在某一时段中有 n 台接收机进行了同步观测，则一共可以确定 $n(n-1)/2$ 条基线向量。利用同一时段的同步观测数据确定的基线，称为同步观测基线。在一个观测时段的所有 $n(n-1)/2$ 条同步观测基线中，最多可以选取 $n-1$ 条相互独立的基线构成这一观测时段的一个最大独立基线组。

对于一组具有一个共同端点的同步观测基线（见图 8-2）来说，由于在进行基线解算时用到了一部分相同的观测数据（如在图 8-2 中，3 条同步观测基线 *AB*、*AC* 和 *AD* 均用到了 *A* 点的数据），数据中的误差将同时影响这些基线，因此这些同步观测基线之间应存在固有的统计相关性。在进行基线解算时，应考虑这种相关性，并通过基线向量估值的方差-协方差阵加以体现，从而最终应用于后续的网平差。但实际上，在经常采用的各种不同基线解算模式中，并非都能满足这一要求。另外，由于不同模式的基线解算方法在数学模型上存在一定差异，因而基线解算结果及其质量也不完全相同。工程应用中常用基线解算模式主要有单基线解（或基线）模式和多基线解（或时段）模式。

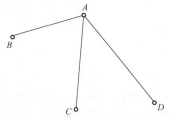

图 8-2　具有一个共同端点的一组同步观测基线

8.2　基线的解算模式

8.2.1　单基线解模式

1. 解算方法

在基线解算模式中，单基线解模式是最简单也是最常用的一种。在该模式中，基线逐条进行解算，也就是说，在进行基线解算时，一次仅同时提取 2 台 GPS 接收机的同步观测数据来解求它们之间的基线，当在该时段中有多台接收机进行了同步观测而需要解求多条基线时，这些基线是逐条在独立的解算过程中解求出来的。例如，在某一时段共有 4 台 GPS 接收机进行了同步观测，可确定 6 条同步观测基线，要得到它们的解，则需要 6 个独立的解算过程。在每一个完整的单基线解中，仅包含一条基线的结果。由于这种基线解算模式是以基线为单位进行解算的，因而也称为基线模式。

单基线解模式的优点是：模型简单，一次解求的参数较少，计算量小。但该模式也存在以下两个问题。

① 解算结果无法反映同步观测基线之间的统计相关性。由于基线是在不同解算过程中逐一解算的，因此无法给出同步观测基线之间的统计相关性，这将对网平差产生不利影响。

② 无法充分利用观测数据之间的关联性。例如若在进行基线解算时，同时估计测站上的天顶方向的对流层延迟，一个测站在同一时间仅有一个天顶对流层延迟结果，如果将同步观测基线分开进行处理，则将发生同一测站在同一时间不同基线的解算过程中得出不同天顶对流层延迟结果的情况。

虽然存在上述问题，但在大多数情况下，单基线解模式的解算结果仍能满足一般工程应用的要求。它是目前工程应用中采用最普遍的基线解算模式，绝大多数商业软件采用这一模式进行基线解算。

2. 基线向量解

在每一个单基线解中仅包含一条基线向量的估值，可表示为

$$\boldsymbol{b}_i = [\Delta X_i \quad \Delta Y_i \quad \Delta Z_i]^{\mathrm{T}} \tag{8-1}$$

单基线向量估值的验后方差－协方差阵具有如下形式。

$$d_{b_i} = \begin{bmatrix} \sigma_{\Delta X_i}^2 & \sigma_{\Delta X_i \Delta Y_i} & \sigma_{\Delta X_i \Delta Z_i} \\ \sigma_{\Delta Y_i \Delta X_i} & \sigma_{\Delta Y_i}^2 & \sigma_{\Delta Y_i \Delta Z_i} \\ \sigma_{\Delta Z_i \Delta X_i} & \sigma_{\Delta Z_i \Delta Y_i} & \sigma_{\Delta Z_i}^2 \end{bmatrix} \qquad (8-2)$$

其中，$\sigma_{\Delta X_i}^2$，$\sigma_{\Delta Y_i}^2$，$\sigma_{\Delta Z_i}^2$ 分别为基线向量 i 各分量的方差；$\sigma_{\Delta X_i \Delta Y_i}$，$\sigma_{\Delta X_i \Delta Z_i}$，$\sigma_{\Delta Y_i \Delta Z_i}$，$\sigma_{\Delta Y_i \Delta X_i}$，$\sigma_{\Delta Z_i \Delta X_i}$，$\sigma_{\Delta Z_i \Delta Y_i}$ 分别为基线向量 i 各分量间的协方差，且有 $\sigma_{\Delta X_i \Delta Y_i} = \sigma_{\Delta Y_i \Delta X_i}$，$\sigma_{\Delta X_i \Delta Z_i} = \sigma_{\Delta Z_i \Delta X_i}$，$\sigma_{\Delta Y_i \Delta Z_i} = \sigma_{\Delta Z_i \Delta Y_i}$。

8.2.2 多基线解模式

1. 解算方法

在多基线解模式中，基线逐时段进行解算，也就是说，在进行基线解算时，一次提取一个观测时段中所有进行同步观测的 n 台 GPS 接收机所采集的同步观测数据，在一个单一解算过程中共同解求出所有 $n-1$ 条相互独立的基线。在每一个完整的多基线解中，包含了所解算出的 $n-1$ 条基线的结果。

在采用多基线解模式进行基线解算时，究竟解算哪 $n-1$ 条基线，有不同的选择方法，常见的方法有射线法和导线法，如图 8-3 所示。射线法是从 n 个点中选择一个基准点，所解算的基线向量为该基准点至剩余 $n-1$ 个点的基线向量。导线法是对 n 个点进行排序，所解算的基线向量为该序列中相邻两点间的基线向量。虽然在理论上这两种方法等价，但是由于基线解算模型的不完善，不同方法所得到的基线解算结果是不完全相同的。因此，基本原则是选择数据质量好的点作为基准点，以及选择距离较短的基线进行解算。当然，上述两个原则有时无法同时满足，这时就需要在两者之间进行权衡。

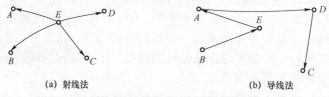

(a) 射线法   (b) 导线法

图 8-3 多基线解模式中选择被解算基线的方法

由于多基线解模式是以时段为单位进行基线解算的，因而也称为时段模式。

与单基线解模式相比，多基线解模式的优点是数学模型严密，并能在结果中反映出同步观测基线之间的统计相关性。但是，其数学模型和解算过程都比较复杂，并且计算量也较大。该模式通常用于有高质量要求的应用。目前，绝大多数科学研究用软件在进行基线解算时采用这种多基线解模式。

2. 基线向量解

在一个基线向量的多基线解中，含有 $m_i - 1$ 条独立的基线向量，具有如下形式：

$$B_i = [b_{i,1} \quad b_{i,2} \quad \cdots \quad b_{i,m_i-1}]^{\mathrm{T}} \qquad (8-3)$$

式中，m_i 为进行同步观测的接收机数量；$b_{i,k}$ 为第 k 条基线向量，具有如下形式：

$$b_{i,k} = \begin{bmatrix} \Delta X_{i,k} & \Delta Y_{i,k} & \Delta Z_{i,k} \end{bmatrix}^{\mathrm{T}} \qquad (8-4)$$

对于上述多基线解中的 $m_i - 1$ 条基线向量估值，其验后方差－协方差阵具有如下形式：

$$\boldsymbol{D}_{B_i} = \begin{bmatrix} d_{b_{i,1},b_{i,1}} & d_{b_{i,1},b_{i,2}} & \cdots & d_{b_{i,1},b_{i,m-1}} \\ d_{b_{i,2},b_{i,1}} & d_{b_{i,2},b_{i,2}} & \cdots & d_{b_{i,2},b_{i,m-1}} \\ \vdots & \vdots & & \vdots \\ d_{b_{i,m-1},b_{i,1}} & d_{b_{i,m-1},b_{i,2}} & \cdots & d_{b_{i,m-1},b_{i,m-1}} \end{bmatrix} = \begin{bmatrix} d_{b_{i,1}} & d_{b_{i,1},b_{i,2}} & \cdots & d_{b_{i,1},b_{i,m-1}} \\ d_{b_{i,2},b_{i,1}} & d_{b_{i,2}} & \cdots & d_{b_{i,2},b_{i,m-1}} \\ \vdots & \vdots & & \vdots \\ d_{b_{i,m-1},b_{i,1}} & d_{b_{i,m-1},b_{i,2}} & \cdots & d_{b_{i,m-1}} \end{bmatrix} \tag{8-5}$$

式中，$d_{b_{i,k}b_{i,l}}$ 为第 k 条基线向量与第 l 条基线向量之间的协方差子阵，具有如下形式：

$$\boldsymbol{d}_{b_{i,k}b_{i,l}} = \begin{bmatrix} \sigma_{\Delta X_{i,k}\Delta X_{i,l}} & \sigma_{\Delta X_{i,k}\Delta Y_{i,l}} & \sigma_{\Delta X_{i,k}\Delta Z_{i,l}} \\ \sigma_{\Delta Y_{i,k}\Delta X_{i,l}} & \sigma_{\Delta Y_{i,k}\Delta Y_{i,l}} & \sigma_{\Delta Z_{i,k}\Delta Y_{i,l}} \\ \sigma_{\Delta Z_{i,k}\Delta X_{i,l}} & \sigma_{\Delta Y_{i,k}\Delta Z_{i,l}} & \sigma_{\Delta Z_{i,k}\Delta Z_{i,l}} \end{bmatrix} \tag{8-6}$$

当 $k = l$ 时，有 $\boldsymbol{d}_{b_{i,k}b_{i,k}} = \boldsymbol{d}_{b_{i,l}b_{i,l}}$，其为第 k 条基线向量的方差子阵，此时，令 $d_{b_{i,k}} = d_{b_{i,k}b_{i,k}}$，有：

$$\boldsymbol{d}_{b_{i,k}} = \begin{bmatrix} \sigma_{\Delta X_{i,k}}^2 & \sigma_{\Delta X_{i,k}\Delta Y_{i,k}} & \sigma_{\Delta X_{i,k}\Delta Z_{i,k}} \\ \sigma_{\Delta Y_{i,k}\Delta X_{i,k}} & \sigma_{\Delta Y_{i,k}}^2 & \sigma_{\Delta Z_{i,k}\Delta Y_{i,k}} \\ \sigma_{\Delta Z_{i,k}\Delta X_{i,k}} & \sigma_{\Delta Y_{i,k}\Delta Z_{i,k}} & \sigma_{\Delta Z_{i,k}}^2 \end{bmatrix} \tag{8-7}$$

需要指出的是，虽然式（8-7）与式（8-2）形式相同，但对于同一基线向量，其单基线解的方差-协方差阵与其在多基线解的方差-协方差阵中所对应子阵的内容不同。

8.3　基线解算的过程及输出结果

8.3.1　基线解算的过程

基线解算的过程如下。基线解算的大概流程如图 8-4 所示。

（1）导入观测数据

在进行基线解算时，首先需要导入原始的 GPS 观测值数据。一般来说，各接收机厂商随接收机一起提供的数据处理软件都可以直接处理从接收机中传输出来的 GPS 原始观测值数据，而由第三方开发的数据处理软件则不一定能对各接收机的原始观测数据进行处理。要采用第三方软件处理数据，通常需要进行观测数据的格式转换，将原始数据格式转换为第三方软件能够识别的格式。目前，最常用的格式是 RINEX 格式，对于按此种格式存储的数据，几乎所有数据处理软件都能直接处理。

（2）检查与修改外业输入数据

在导入了 GPS 观测值数据后，就需要对观测数据进行必要的检查，以发现并改正由于外业观测时的误操作所引起的问题。检查的项目包括：测站名/点号、天线高、天线类型、天线高量高方式等。

（3）设定基线解算的控制参数

基线解算的控制参数用来确定数据处理软件采用何种处理方式来进行基线解算。设定控制参数是基线解算时的一个重要环节，直接影响基线解算结果的质量。基线的精化处理也是通过控制参数的设定来实现的。

（4）基线解算

基线解算的过程一般自动进行，无须人工干预。

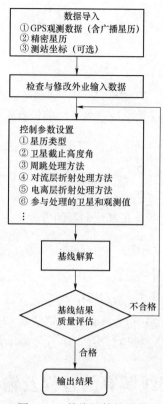

图 8-4　基线解算的流程

（5）基线质量的控制

基线解算完毕后，基线结果并不能马上用于后续的处理，还必须对其质量进行评估，只有质量合格的基线才能用于后续的处理。若基线解算结果质量不合格，则需要对基线进行重新解算或重新测量。基线质量评估的指标包括 RATIO、RDOP、RMS、同步环闭合差、异步环闭合差和重复基线较差，以及 GPS 网无约束平差、基线向量改正数等。

（6）得到最终的基线解算结果

获得通过基线解算阶段质量检核的基线向量。

（7）输出结果

最后输出结果。

8.3.2　基线解算的输出结果

基线处理软件的输出结果随着数据处理软件的不同而有所不同，但通常具有一些共有的内容。基线输出结果可用来评估解的质量，并可以输入到后续的网平差软件中进行网平差处理。一般情况下，基线解算输出结果包括以下内容。

①　数据记录情况（起止时刻、历元间隔、观测卫星、历元数）。

②　测站信息：位置（经度、纬度、高度）、所采用接收机的序列号、所采用天线的序列号、测站编号、天线高。

③　每一测站在测量期间的卫星跟踪状况。

④　气象数据（气压、温度、湿度）。

⑤　基线解算控制参数设置（星历类型、截止高度角、解的类型、对流层折射的处理方法、

电离层折射的处理方法、周跳处理方法等）。

⑥ 基线向量估值及其统计信息。

⑦ 观测值残差序列。

8.4　基线解算的质量控制

质量是产品或工作的优劣程度，质量控制是一种用来确保生产的产品保持合乎规定水平的系统。质量控制的内容包括质量评定和质量改善两个方面。基线解算结果的质量通过一系列指标来评定，而基线解算结果质量的改善则通过基线的精化处理来实现。

评定基线解算结果质量的指标有两类：一类是基于测量规范的控制指标，另一类是基于统计学原理的参考指标。在工程应用中，控制指标必须满足，而参考指标则不作为判别质量是否合格的依据。

8.4.1　质量的控制指标

1. 数据剔除率

在基线解算时，如果观测值的改正数大于某一个阈值，则认为该观测值含有粗差，需要将其删除。被删除观测值的数量与观测值的总数的比值，就是数据剔除率。数据剔除率从某一方面反映了 GPS 原始观测值的质量。数据剔除率越高，说明观测值的质量越差。

根据 CB/T 18314—2009，同一时段观测值的数据剔除率应小于 10%。

2. 同步环闭合差

同步环闭合差是由同步观测基线所组成的闭合环的闭合差。由于同步观测基线之间具有一定的内在联系，从而使同步环闭合差在理论上总是为 0。由于在一般的工程应用中所采用的商用软件的基线解算模式为单基线解模式，同步环闭合差并不能保证一定为 0，但通常应是一个微小量。如果同步环闭合差超限，则说明组成同步环的基线中至少存在一条基线向量的质量不合格；但反过来，如果同步环闭合差没有超限，则不能说明组成同步环的所有基线在质量上均合格。

根据 GB/T 18314—2009，应对所有三边同步环进行检验，闭合差宜满足如下要求。

$$W_x \leqslant \frac{\sqrt{3}}{5}\sigma \, , \ W_y \leqslant \frac{\sqrt{3}}{5}\sigma \, , \ W_z \leqslant \frac{\sqrt{3}}{5}\sigma$$

式中，σ 为对基线测量中误差的要求（按网的实际平均边长计算）。

3. 异步环闭合差

不是完全由同步观测基线所组成的闭合环称为异步环，异步环的闭合差称为异步环闭合差。当异步环闭合差满足限差要求时，则表明组成异步环的基线向量的质量是合格的；当异步环闭合差不满足限差要求时，则表明组成异步环的基线向量中至少有一条基线向量的质量不合格。要确定哪些基线向量的质量不合格，可通过多个相邻的异步环或重复基线来进行。

根据我国规范，C 级以下各级网及 B 级 GPS 网外业基线预处理结果，其异步环或附和路线坐标闭合差应满足

$$W_x \leqslant 3\sqrt{n}\sigma \, , \ W_y \leqslant 3\sqrt{n}\sigma \, , \ W_z \leqslant 3\sqrt{n}\sigma \, , \ W_s \leqslant 3\sqrt{3n}\sigma$$

式中，n 为异步环边数；σ 为对基线测量中误差的要求（按网的实际平均边长计算）。

4. 复测基线较差

不同观测时段，对同一条基线的观测结果，就是复测基线。这些观测结果之间的差异，就是复测基线较差。复测基线较差是评价基线结果质量非常有效的指标，当其超限时，表明复测基线中一定存在质量不满足要求的基线。一条基线三次以上的重复观测结果通常能够确定存在质量问题的基线解算结果。

根据 GB/T 18314—2009 的要求，B 级网基线外业预处理和 C 级以下各级 GPS 网基线处理，复测基线长度较差 d_s，两两比较应满足下式：

$$d_s \leqslant 2\sqrt{2}\sigma$$

式中，

$$d_s = \sqrt{\Delta X^2 + \Delta Y^2 + \Delta Z^2}$$

其中，ΔX、ΔY 和 ΔZ 为复测基线的分量较差；σ 为对基线测量中误差的要求（按网的实际平均边长计算）。

5. 网无约束平差基线向量残差

网无约束平差基线向量残差也是一项评定基线解算结果质量的重要控制指标。根据我国规范要求，GPS 网无约束平差所得出的相邻点距离精度应满足规范中对各等级网的要求。除此以外，无约束平差基线分量改正数的绝对值 ($V_{\Delta X}$, $V_{\Delta Y}$, $V_{\Delta Z}$) 应满足如下要求：

$$V_{\Delta X} \leqslant 3\sigma, \quad V_{\Delta Y} \leqslant 3\sigma, \quad V_{\Delta Z} \leqslant 3\sigma$$

式中，σ 为对基线测量中误差的要求。若无约束平差基线分量改正数超出限差要求，则认为所对应基线向量或其附近的基线向量可能存在质量问题。

6. 其他

GB/T 18314—2009 还专门针对 A 级和 B 级高等级 GPS 测量的数据处理制定了专门的质量控制指标。

A、B 级 GPS 网基线处理后应计算基线分量 ΔX、ΔY、ΔZ 及边长的重复性，还应对各基线边长、南北分量和垂直分量的重复性进行固定误差和比例误差的直线拟合，以此作为衡量基线精度的参考指标。重复性的定义为

$$R_c = \left[\frac{\dfrac{n}{n-1} \cdot \displaystyle\sum_{i=1}^{n} \dfrac{(C_i - C_m)^2}{\sigma_{c_i}^2}}{\displaystyle\sum_{i=1}^{n} \dfrac{1}{\sigma_{c_i}^2}} \right]^{\frac{1}{2}}$$

式中，n 为同一基线的总观测时段数；C_i 为一个时段所求得的基线某一分量或边长；$\sigma_{c_i}^2$ 为相应于 C_i 分量的方差；C_m 为各时段的加权平均值。

B 级 GPS 网同一基线及其各分量不同时段的较差 (d_s、$d_{\Delta X}$、$d_{\Delta Y}$、$d_{\Delta Z}$) 应满足如下要求：

$$d_{\Delta X} \leqslant 3\sqrt{2}R_{\Delta X}, \quad d_{\Delta Y} \leqslant 3\sqrt{2}R_{\Delta Y}, \quad d_{\Delta Z} \leqslant 3\sqrt{2}R_{\Delta Z}, \quad d_s \leqslant 3\sqrt{2}R_s$$

B 级 GPS 网基线处理后，独立环闭合差或附和路线的坐标分量闭合差 (W_X、W_Y、W_Z) 应满足如下要求：

$$W_X \leqslant 2\sigma_{W_X}, \quad W_Y \leqslant 2\sigma_{W_Y}, \quad W_Z \leqslant 2\sigma_{W_Z}$$

式中：

$$\sigma_{W_X}^2 = \sum_{i=1}^{r} \sigma_{\Delta X(i)}^2, \quad \sigma_{W_Y}^2 = \sum_{i=1}^{r} \sigma_{\Delta Y(i)}^2, \quad \sigma_{W_Z}^2 = \sum_{i=1}^{r} \sigma_{\Delta Z(i)}^2$$

环线全长闭合差应满足：

$$W_s \leqslant 3\sigma_W$$

式中：

$$\sigma_W^2 = \sum_{i=1}^{r} \boldsymbol{W} \boldsymbol{D}_{b_i} \boldsymbol{W}^{\mathrm{T}}$$

$$\boldsymbol{W} = \left[\frac{W_{\Delta X}}{W_s} \quad \frac{W_{\Delta Y}}{W_s} \quad \frac{W_{\Delta Z}}{W_s} \right]$$

$$W_s = \sqrt{W_{\Delta X}^2 + W_{\Delta Y}^2 + W_{\Delta Z}^2}$$

其中，r 为环线中的基线数；$\boldsymbol{D}_{b_i}$ 为环线中第 i 条基线的方差 – 协方差阵。

7. 规范对基线测量中误差的要求

在进行复测基线检验和环闭合差检验时，需要用到一个重要的参数——基线测量中误差的限差 σ。与 GB/T 18314—2001 相比，最新 GPS 测量规范 GB/T 18314—2009 有了较大变化，在此需要加以说明。在 GB/T 18314—2001 中，规定 σ 由相应级别所规定的 GPS 网相邻点基线长度精度及实际平均边长计算；而在 GB/T 18314—2009 中，规定 σ 由外业观测时所采用的 GPS 接收机的标称精度及实际平均边长计算。

8.4.2　质量的参考指标

1. 单位权方差

单位权方差也称为参考方差，其定义为

$$\sigma_0 = \sqrt{\frac{\boldsymbol{V}^{\mathrm{T}} \boldsymbol{P} \boldsymbol{V}}{f}}$$

式中，$\boldsymbol{V}$ 为观测值的残差；$\boldsymbol{P}$ 为观测值的权阵；f 为多余观测值的数量。当观测值的权阵确定时，单位权方差的数值就取决于观测值的残差。总体上看，残差越大，其数值也越大。

2. RATIO 值

RATIO 值的计算公式为

$$\mathrm{RATIO} = \sigma_{次最小} / \sigma_{最小}$$

式中，$\sigma_{最小}$ 和 $\sigma_{次最小}$ 分别为在基线解算时确定相位模糊度的过程中，由备选模糊度组所得到的最小单位权方差和次最小单位权方差。显然，RATIO $\geqslant 1.0$。

RATIO 值反映了所确定的模糊度参数的可靠性，这一指标取决于多种因素，既与观测值的质量有关，也与观测条件的好坏有关。

3. RDOP 值

所谓 RDOP 值，指的是在基线解算时待定参数协因数阵的迹 $(\mathrm{tr}(\boldsymbol{Q}))$ 的平方根，即

$$\mathrm{RDOP} = (\mathrm{tr}(\boldsymbol{Q}))^{1/2}$$

RDOP 值的大小与基线位置和观测条件有关，当基线位置确定后，RDOP 值就只与观测

条件有关了。所谓观测条件，是指在观测期间的卫星星座及其变化，卫星数量越多、分布越均匀、同一卫星的位置变化越大，观测条件就越好。

RDOP 值反映了观测期间 GPS 卫星星座的状态对相对定位的影响，它不受观测值质量的影响。

4. 观测值残差的 RMS

观测值残差的 RMS 的定义为

$$\text{RMS} = \sqrt{\frac{V^{\mathrm{T}}V}{n}}$$

式中，V 为观测值的残差；n 为观测值的总数。

由 RMS 的定义可知，从整体上看，RMS 的大小与残差的大小有着直接的关系，而残差的大小与"观测值"和"计算值"均有关系，而"计算值"的精度和"观测值"的质量与观测条件的好坏有关。RMS 是一个内符合精度的指标：RMS 小，内符合精度高；RMS 大，内符合精度差。当然从上面的分析也可以看出，RMS 与结果质量是有一定关系的，结果质量不好时，RMS 会较大，但反过来却不一定成立。在测量中，RMS 的大小并不能最终确定成果的实际质量，可作为参考。

8.4.3 基线的精化处理

1. 影响基线解算结果的因素

影响基线解算结果的因素如下。

① 基线解算时所设定的起点坐标不准确。起点坐标不准确，会导致基线出现尺度和方向上的偏差，其影响可用下式近似估算。

$$\frac{\Delta b}{b} = \frac{\Delta s}{r}$$

式中，Δs 为起点误差，r 为卫星至基线中点的距离，Δb 为基线误差，b 为基线长度，上述各量的单位均为米。

对于由起点坐标不准确对基线解算质量造成的影响，目前还没有较容易的方法加以判别，因此在实际工作中，应尽量提高起点坐标的准确度，以避免这种情况的发生。

② 少数卫星的观测时间太短，导致这些卫星的整周未知数无法准确确定。当卫星的观测时间太短时，会导致与该颗卫星有关的模糊度无法准确确定，而对于基线解算来讲，如果其中某些卫星的模糊度没有准确确定，将影响整个基线解算的结果。

GPS 测量中的观测条件是指卫星星座的几何图形及其变化。卫星数越多，星座变化幅度越大，条件越好。

对于卫星观测时间太短这类问题的判断比较简单，只要查看观测数据的记录文件中有关卫星的观测数据的数量就可以了，有些数据处理软件还输出卫星的可见性图（见图 8-5），这就更直观了。

③ 周跳探测、修复不正确，存在未探测或未正确修复的周跳。只要存在周跳探测或修复不正确的问题，都会从存在此类问题的历元开始，在相应卫星的后续载波相位观测值中引入较大的偏差，从而严重影响基线解算结果的质量。

④ 在观测时段内，多路径效应比较严重，观测值的改正数普遍较大。

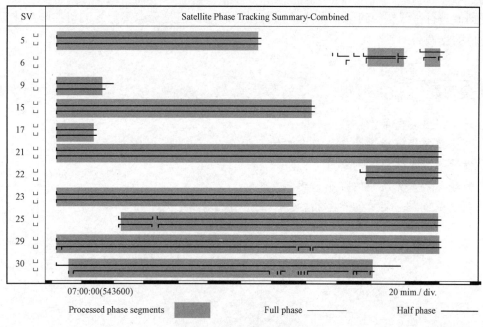

图 8－5 卫星的可见性图

⑤ 对流层或电离层折射影响过大。对于多路径效应、对流层或电离层折射影响的判别，也是通过分析观测值残差来进行的。不过与整周跳变不同的是，当多路径效应严重、对流层或电离层折射影响过大时，观测值残差不是像周跳未修复那样出现大的跳跃，而只是出现一些波动，一般不超过 1 周，但却又明显地大于正常观测值的残差。

2. 基线的精化处理方法

要解决基线起点坐标不准确的问题，可以在进行基线解算时使用坐标准确度较高的点作为基线解算的起点。较为准确的起点坐标可以通过进行较长时间的单点定位或通过与 WGS84 坐标较准确的点联测得到，也可以采用在进行整网的基线解算时，所有基线起点的坐标均由一个点坐标衍生而来，使得基线结果均具有某一系统偏差，然后再在 GPS 网平差处理时引入系统参数的方法加以解决。

若某颗卫星的观测时间太短，则可以删除该卫星的观测数据，不让它们参加基线解算，这样可以保证基线解算结果的质量。

① 对于周跳问题，可采用在发生周跳处增加新的模糊度参数或删除周跳严重的时间段的方法来尝试改善基线解算结果的质量。

由于多路径效应往往造成观测值残差较大，因此可以采用删除多路径效应严重的时间段或卫星的方法来剔除残差较大的观测值。

② 对于对流层或电离层折射影响过大的问题，可以采用下列方法。

● 提高截止高度角，剔除易受对流层或电离层折射影响的低截止高度角观测数据。但这种方法具有一定的盲目性，因为截止高度角低的信号，不一定受对流层或电离层折射的影响就大。

● 分别采用模型对对流层延迟和电离层延迟进行改正。

● 如果 GPS 观测值是双频观测值，则可以使用无电离层观测值进行基线解算。采用无电离层观测值进行基线解算可以消除电离层折射的影响，但是无电离层观测值的噪声比载波相位观测值的噪声大。

复习题

1. 什么是基线向量？
2. 简述单基线解模式的优点及存在的问题。
3. 简述多基线解模式的解算方法。
4. 简述基线解算质量的控制指标。
5. 简述基线解算质量的参考指标。

第9章 GPS 网平差

本章导读

本章主要介绍了 GPS 网平差的目的及类型；GPS 网平差的流程；GPS 网平差的数学模型；GPS 基线向量网的三维平差及二维平差。

9.1 GPS 网平差的目的

在 GPS 网中，基线解算所得到的基线向量仅能确定 GPS 网的几何形状，但无法提供最终确定网中点的绝对坐标所必需的绝对位置基准。在 GPS 网平差中，通过起算点坐标可以达到引入绝对基准的目的。进行 GPS 网平差的目的主要有以下三个。

① 消除由观测量和已知条件存在的误差引起的 GPS 网在几何上的不一致。由于观测值中存在误差及数据处理过程中存在模型误差等多个因素，通过基线解算得到的基线向量中必然存在误差。另外，起算数据也可能存在误差。这些误差将使 GPS 网存在几何上的不一致，主要包括：闭合环闭合差不为零；重复基线较差不为零；通过由基线向量所形成的导线，将坐标由一个已知点传算到另一个已知点的闭合差不为零等。通过网平差，可以消除这些不一致。

② 改善 GPS 网的质量，评定 GPS 网精度。通过网平差，可得出一系列可用于评估 GPS 网精度的指标，如观测值改正数、观测值验后方差、观测值单位权方差、相邻点距离中误差、点位中误差等。结合这些精度指标，还可以设法确定可能存在粗差或质量不佳的观测值，并对它们进行相应的处理，从而达到改善网的质量的目的。

③ 确定 GPS 网点在指定参考系下的坐标及其他所需参数的估值。在网平差过程中，通过引入起算数据，如已知点、已知边长、已知方向等，可最终确定网点在指定参考系下的坐标及其他一些参数，如基准转换参数等。

9.2 GPS 网平差的类型

通常，无法通过某个单一类型的网平差过程达到上述三个目的，而必须分阶段采用不同类型的网平差方法。根据进行网平差时所采用的观测量和已知条件的类型及数量，可将网平差分为无约束平差、约束平差和联合平差三种类型。这三种类型的网平差除了能消除由于观测值和已知条件所引起的网在几何上的不一致外，还具有各自不同的功能。无约束平差能够评定网的内符合精度和探测处理粗差，而约束平差和联合平差则能够确定 GPS 网点在指定参照系下的坐标。

GPS 网平差除了分为无约束平差、约束平差和联合平差外，还可以根据进行平差时所采用坐标系的类型，分为三维平差和二维平差。在 GPS 网的三维平差中，所采用的 GPS 基线向量观测值和所确定的点的坐标都是在一个三维坐标系下；而在 GPS 网的二维平差中，所采用的 GPS 基线向量观测值和所确定的点坐标都是在一个二维坐标系下。

1. 无约束平差

GPS 网的无约束平差所采用的观测量完全为 GPS 基线向量，平差通常在与基线向量相同的地心地固坐标系下进行。无约束平差还可分为最小约束平差和自由网平差两类。在平差进行过程中，最小约束平差除了引入一个提供位置基准信息的起算点坐标外，不再引入其他的外部起算数据；而自由网平差则不引入任何外部起算数据。它们之间的一个共性就是都不引入使 GPS 网的尺度和方位发生变化的外部起算数据，而这些外部起算数据往往决定了 GPS 网的几何形状，因而有时又将这两种类型的平差统称为无约束平差。

由于 GPS 基线向量本身能够提供尺度和方位基准信息，它们所缺少的是位置基准信息，因此在 GPS 网平差时需要设法获得位置基准信息，而通过引入外部起算数据来提供所缺少的基准信息是数据处理中常用的方法。众所周知，点的坐标中含有位置基准信息，因此 GPS 网可以通过引入一个起算点的坐标来获取位置基准。但是，除了一个起算点的坐标外，在 GPS 网的无约束平差中就不能再引入其他的起算数据了。首先，边长、方位和角度等是不能作为起算数据的，因为它们可能引起 GPS 网在尺度和方位上的变化。另外，也不能再引入其他的起算点坐标了，因为两个以上的点坐标除了含有位置基准信息外，还含有尺度和方位基准信息，因而两个起算点的坐标也可能引起 GPS 网在尺度和方位上的变化。这种通过一个起算点坐标提供 GPS 网位置基准的无约束平差，常常又称为最小约束平差。对于 GPS 网的无约束平差，其位置基准除了由一个起算点坐标提供外，还可以采用其他方法提供，这将在后续章节介绍。

由于在 GPS 网的无约束平差中，GPS 网的几何形状完全取决于 GPS 基线向量，而与外部起算数据无关，因此 GPS 网的无约束平差结果实际上也完全取决于 GPS 基线向量。所以，GPS 网的无约束平差结果质量的优劣，是观测值本身质量的真实反映。由于 GPS 网无约束平差的这一特点，一方面，通过 GPS 网无约束平差所得到的 GPS 网的精度指标被作为衡量 GPS 网内符合精度的指标；另一方面，通过 GPS 网无约束平差所反映的观测质量，又被作为判断粗差观测值及进行相应处理的依据。

2. 约束平差

GPS 网的约束平差中所采用的观测量也完全为 GPS 基线向量，但与无约束平差不同的是，在平差过程中引入了会使 GPS 网的尺度和方位发生变化的外部起算数据。根据前面介绍的内容可知，只要在网平差中引入边长、方向或两个以上（含两个）的起算点坐标，就可能会使 GPS 网的尺度和方位发生变化。GPS 网的约束平差常常被用于实现 GPS 网成果由基线解算时所用 GPS 卫星星历所采用的参照系到特定参照系的转换。

3. 联合平差

在进行 GPS 网平差时，所采用的观测值不仅包括 GPS 基线向量，而且还包含边长、角度、方向和高差等地面常规观测量，这种平差称为联合平差。联合平差的作用大体上与约束平差相同，也是用于实现 GPS 网成果由基线解算时所用 GPS 卫星星历所采用的参照系到特定参照系的转换，不过在大地测量应用中通常采用约束平差，联合平差则通常用于工程应用。

9.3　GPS 网平差的流程

9.3.1　GPS 网平差的整体流程

在使用数据处理软件进行 GPS 网平差时，通常需要按图 9-1 所示的流程图进行。依据 GPS 网平差的整体流程图，GPS 网平差主要按以下步骤进行。

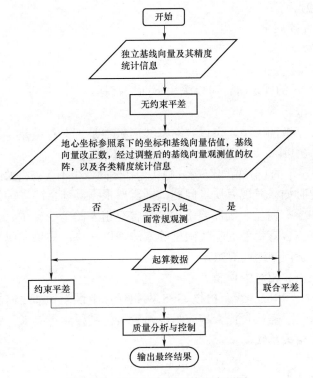

图 9-1　GPS 网平差的整体流程图

1. 基线向量提取

要进行 GPS 网平差，首先必须提取基线向量，构建 GPS 基线向量网。提取基线向量时需要遵循以下原则。

① 选取相互独立的基线向量，否则平差结果会与真实的情况不相符。

② 所选取的基线向量应构成闭合的几何图形。

③ 选取质量好的基线向量，基线向量质量的好坏可以根据 RMS、RDOP、RATIO、同步环闭合差、异步环闭合差及重复基线较差判定。

④ 选取能构成边数较少的异步环的基线向量。

2. 三维无约束平差

在完成 GPS 基线向量网的构网后，需要进行 GPS 网的三维无约束平差。通过三维无约束平差，可以达到以下两个目的。

① 根据三维无约束平差的结果，判断在所构成的 GPS 网中是否有含有粗差的基线向量。如果有含有粗差的基线向量，需要进行相应的处理，且使最后用于构网的所有 GPS 基线向量

均满足相应等级的质量要求。

② 调整各基线向量观测值的权,使它们相互匹配。

3. 约束平差/联合平差

在完成三维无约束平差后,需要进行约束平差或联合平差。平差可根据需要在三维空间或二维空间中进行。

约束平差或联合平差的具体步骤如下。

① 指定进行平差的基准和坐标系统。

② 指定起算数据。

③ 检验约束条件的质量。

④ 进行平差解算。

4. 质量分析与控制

在进行 GPS 网质量的评定时,可以采用下面的指标。

(1)基线向量的改正数

根据基线向量改正数的大小,可以判断基线向量中是否含有粗差。具体判定依据是,若 $|v_i| < \hat{\sigma}_0 \cdot \sqrt{q_i} \cdot t_{1-\alpha/2}$(其中 v_i 为观测值残差,$\hat{\sigma}_0$ 为单位权方差,q_i 为第 i 个观测值的协因数,$t_{1-\alpha/2}$ 为在显著性水平 α 下的 t 分布的区间),则认为基线向量中不含有粗差;反之,则含有粗差。

在进行质量评定时如果发现有质量问题,则需要根据具体情况进行处理。如果发现构成 GPS 网的基线向量中含有粗差,则需要采用删除含有粗差的基线向量、重新对含有粗差的基线向量进行解算或重测含有粗差的基线向量等方法加以解决;如果发现个别起算数据有质量问题,则应放弃有质量问题的起算数据。

(2)相邻点中误差和相对中误差

应依据 GPS 网平差相应等级,检核 GPS 网相邻点中误差和基线向量相对中误差是否满足质量要求,如不满足,需认真检查相应基线向量质量是否满足要求,或者与该基线向量构成同步环、异步环的相关基线向量。

5. 输出最终结果

最后,输出最终结果。

9.3.2 无约束平差的流程

GPS 网无约束平差的流程图如图 9-2 所示。

GPS 网无约束平差的主要流程如下。

① 选取作为网平差时的观测值的基线向量。

② 利用所选取的基线向量的估值,形成平差的函数模型。其中,观测值为基线向量,待定参数主要为 GPS 网点的坐标;同时,利用基线解算时随基线向量估值一同输出的基线向量的方差-协方差阵,形成平差的随机模型,最后形成完整的平差数学模型。

③ 对所形成的数学模型进行求解,得出待定参数和观测值等的平差值、观测值的改正数及相应的精度统计信息。

④ 根据平差结果确定观测值中是否存在粗差,数学模型是否有需要改进的部分,若存在问题,则采用相应的方法进行处理(如对于粗差基线向量,既可以通过将其剔除的方法解决,也可以通过调整观测值权阵的方式处理),并重新进行求解。

⑤ 若在观测值和数学模型中未发现问题,则输出最终无约束平差结果。

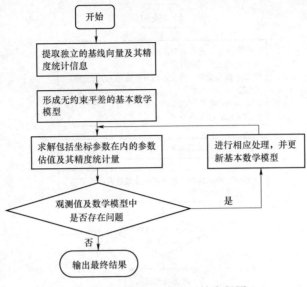

图9-2 GPS网无约束平差流程图

9.3.3 约束平差的流程

GPS网约束平差的流程图如图9-3所示。

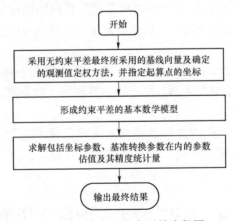

图9-3 GPS网约束平差流程图

GPS网约束平差的流程如下。

① 利用最终参与无约束平差的基线向量形成观测方程,观测值的权阵采用在无约束平差中经过调整后（如果调整过）最终所确定的观测值权阵。

② 利用已知点、已知边长和已知方位等信息,形成限制条件方程。

③ 对所形成的数学模型进行求解,得出待定参数的估值和观测值等的平差值、观测值的改正数及相应的精度统计信息。

④ 输出最终结果。

9.3.4 联合平差的流程

GPS网联合平差的流程图如图9-4所示。

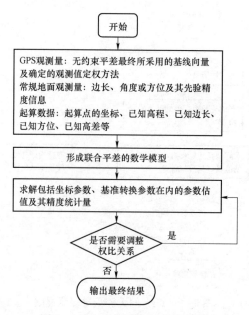

图 9-4　GPS 网联合平差流程图

GPS 网联合平差的流程如下。

① 利用最终参与无约束平差的基线向量形成与 GPS 观测值有关的观测方程，观测值的权阵采用在无约束平差中经过调整后（如果调整过）最终所确定的观测值权阵。

② 利用地面常规观测值（如边长、角度、方位等）形成与地面常规观测值有关的观测方程，同时给定其初始的权阵。

③ 利用已知点、已知边长和已知方位等信息，形成限制条件方程。

④ 对所形成的数学模型进行求解，得出待定参数的估值和观测值等的平差值、观测值的改正数及相应的精度统计信息。

⑤ 利用第④步的结果，对 GPS 观测值与地面常规观测值之间的权比关系进行调整，再次进行第④步，直到不再需要对上述权比关系进行调整为止。

⑥ 输出最终结果。

9.4　GPS 网平差的数学模型

9.4.1　空间直角坐标与大地坐标之间的微分关系

GPS 测量的基线向量通常以空间直角坐标表示较为方便，而地面常规观测值和地面已知点通常以大地坐标表示较为方便。要进行涉及 GPS 基线向量、地面常规观测值和地面点的网平差，需要用到空间直角坐标与大地坐标之间的转换及其微分关系。下面将给出它们的微分关系。

大地坐标与空间直角坐标之间的转换关系为

$$\begin{cases} X = (N+H)\cos B\cos L \\ Y = (N+H)\cos B\sin L \\ Z = \left[N(1-e^2)+H\right]\sin B = \left(N\cdot\dfrac{b^2}{a^2}+H\right)\sin B \end{cases}$$

式中，N 为卯酉圈的半径，且有

$$N = \frac{a}{\sqrt{1 - e^2 \sin^2 B}}, \quad e^2 = \frac{a^2 - b^2}{a^2} = 2f - f^2$$

式中，a 为参考椭球的长半轴；b 为参考椭球的短半轴；e 为参考椭球的第一偏心率；f 为参考椭球的扁率，$f = \dfrac{a - b}{a}$。

于是可导出它们之间的微分关系式：

$$\begin{bmatrix} \mathrm{d}X \\ \mathrm{d}Y \\ \mathrm{d}Z \end{bmatrix} = \boldsymbol{T}_x \begin{bmatrix} \mathrm{d}B \\ \mathrm{d}L \\ \mathrm{d}H \end{bmatrix} \tag{9-1}$$

式中，

$$\boldsymbol{T}_x = \begin{bmatrix} -(M+H)\sin B \cos L & -(N+H)\cos B \sin L & \cos B \cos L \\ -(M+H)\sin B \sin L & -(N+H)\cos B \cos L & \cos B \sin L \\ (M+H)\cos B & 0 & \sin B \end{bmatrix}$$

其中　M 为子午圈半径，且

$$M = \frac{a(1 - e^2)}{(1 - e^2 \sin^2 B)^{\frac{3}{2}}}$$

9.4.2　空间直角坐标与站心坐标的相互转换

如果存在 i 和 j 两个点，在同一坐标参照系下，i 点在空间直角坐标系和大地坐标系下的坐标分别为 (X_i, Y_i, Z_i) 和 (B_i, L_i, H_i)，j 点在空间直角坐标系和大地坐标系下的坐标分别为 (X_j, Y_j, Z_j) 和 (B_j, L_j, H_j)，设 j 点在以 i 点为中心的站心直角坐标系下的坐标为 (N_{ij}, E_{ij}, U_{ij})，则由空间直角坐标系转换为站心直角坐标系的公式为

$$\begin{bmatrix} N_{ij} \\ E_{ij} \\ U_{ij} \end{bmatrix} = \boldsymbol{T}_i \left(\begin{bmatrix} X_j \\ Y_j \\ Z_j \end{bmatrix} - \begin{bmatrix} X_i \\ Y_i \\ Z_i \end{bmatrix} \right)$$

式中，旋转矩阵 $\boldsymbol{T}_i$ 为

$$\boldsymbol{T}_i = \boldsymbol{S}_2 \boldsymbol{R}_2 \left(-\left(\frac{\pi}{2} - B_i \right) \right) \boldsymbol{R}_3 (-(\pi - L_i)) = \begin{bmatrix} -\sin B_i \cos L_i & -\sin B_i \sin L_i & \cos B_i \\ -\sin L_i & \cos L_i & 0 \\ \cos B_i \cos L_i & \cos B_i \sin L_i & \sin B_i \end{bmatrix}$$

其中

$$\boldsymbol{S}_2 = \begin{bmatrix} 1 & 0 & 0 \\ 0 & -1 & 0 \\ 0 & 0 & 1 \end{bmatrix}$$

$$R_2\left(-\left(\frac{\pi}{2}-B_i\right)\right) = \begin{bmatrix} \cos\left(-\left(\frac{\pi}{2}-B_i\right)\right) & 0 & -\sin\left(-\left(\frac{\pi}{2}-B_i\right)\right) \\ 0 & 1 & 0 \\ \sin\left(-\left(\frac{\pi}{2}-B_i\right)\right) & 0 & \cos\left(-\left(\frac{\pi}{2}-B_i\right)\right) \end{bmatrix} = \begin{bmatrix} \sin B_i & 0 & \cos B_i \\ 0 & 1 & 0 \\ -\cos B_i & 0 & \sin B_i \end{bmatrix}$$

$$R_3(-(\pi-L_i)) = \begin{bmatrix} \cos(-(\pi-L_i)) & \sin(-(\pi-L_i)) & 0 \\ -\sin(-(\pi-L_i)) & \cos(-(\pi-L_i)) & 0 \\ 0 & 0 & 1 \end{bmatrix} = \begin{bmatrix} -\cos L_i & -\sin L_i & 0 \\ \sin L_i & -\cos L_i & 0 \\ 0 & 0 & 1 \end{bmatrix}$$

而由站心直角坐标系转化为空间直角坐标系的公式为

$$\begin{bmatrix} X_j \\ Y_j \\ Z_j \end{bmatrix} = T_i^{-1}\left(\begin{bmatrix} N_{ij} \\ E_{ij} \\ U_{ij} \end{bmatrix} + \begin{bmatrix} X_i \\ Y_i \\ Z_i \end{bmatrix} \right)$$

式中，旋转矩阵 T_i^{-1} 为：

$$T_i^{-1} = \begin{bmatrix} -\sin B_i \cos L_i & -\sin L_i & \cos B_i \cos L_i \\ -\sin B_i \sin L_i & \cos L_i & \cos B_i \sin L_i \\ \cos B_i & 0 & \sin B_i \end{bmatrix}$$

9.4.3　GPS 基线向量

1. GPS 基线向量及其方差–协方差阵

GPS 网平差中所涉及的与 GPS 有关的观测值直接来自由基线解算过程所确定的 GPS 基线向量解，而不是由接收机在野外所采集的原始 GPS 观测值。GPS 基线向量解提供了以下信息。

① 具有同步 GPS 观测值的测站之间的基线向量 $(\Delta X, \Delta Y, \Delta Z)$。

② 相应基线向量的方差–协方差阵（D）。

其中，基线向量被用作观测值，而其方差–协方差阵则被用来形成参与平差的基线向量观测值的方差–协方差阵，求逆后可得到观测值的权阵 $P = D^{-1}$。

虽然在 GPS 网平差中，基线向量所提供信息的类型相同，但是随着确定基线向量解时所采用的基线处理方式不同，基线向量所提供信息的内涵有很大区别。

（1）单基线解

一条单基线解提供了如下信息。

$$b_i = \begin{bmatrix} \Delta X_i & \Delta Y_i & \Delta Z_i \end{bmatrix}^T$$

$$d_{b_i} = \begin{bmatrix} \sigma_{\Delta X_i}^2 & \sigma_{\Delta X_i \Delta Y_i} & \sigma_{\Delta X_i \Delta Z_i} \\ \sigma_{\Delta Y_i \Delta X_i} & \sigma_{\Delta Y_i}^2 & \sigma_{\Delta Y_i \Delta Z_i} \\ \sigma_{\Delta Z_i \Delta X_i} & \sigma_{\Delta Z_i \Delta Y_i} & \sigma_{\Delta Z_i}^2 \end{bmatrix}$$

其中，b_i 为第 i 条基线向量的值，d_{b_i} 为相应的方差–协方差阵。注意，此时对于一条基线向量来说，它的各个基线分量之间是相关的。

所有参与构网的基线向量提供了下列信息。

$$\boldsymbol{B} = \begin{bmatrix} b_1 & b_2 & \cdots & b_n \end{bmatrix}^{\mathrm{T}}$$

$$\boldsymbol{D}_B = \begin{bmatrix} d_{b_1} & & & 0 \\ & d_{b_2} & & \\ & & \ddots & \\ 0 & & & d_{b_n} \end{bmatrix}$$

在以上两式中，$\boldsymbol{B}$ 为所有参与构网的基线向量，$\boldsymbol{D}_B$ 为相应的方差－协方差阵。由所有参与构网的基线向量的方差－协方差阵 $\boldsymbol{D}_B$ 可以看出，这里认为基线向量（包括属于同一时段的基线向量）之间是误差不相关的，因为在方差－协方差阵 $\boldsymbol{D}_B$ 中，反映基线向量之间误差相关特性的协方差子阵为零矩阵。

（2）多基线解

一个时段的多基线解提供了如下信息。

$$\boldsymbol{B}_i = \begin{bmatrix} \boldsymbol{b}_{i,1} & \boldsymbol{b}_{i,2} & \cdots & \boldsymbol{b}_{i,m_i-1} \end{bmatrix}^{\mathrm{T}} \tag{9-2}$$

$$\boldsymbol{D}_{B_i} = \begin{bmatrix} \boldsymbol{d}_{b_{i,1},b_{i,1}} & \boldsymbol{d}_{b_{i,2},b_{i,1}} & \cdots & \boldsymbol{d}_{b_{i,m_i-1},b_{i,1}} \\ \boldsymbol{d}_{b_{i,1},b_{i,2}} & \boldsymbol{d}_{b_{i,2},b_{i,2}} & \cdots & \boldsymbol{d}_{b_{i,m_i-1},b_{i,2}} \\ \vdots & \vdots & & \vdots \\ \boldsymbol{d}_{b_{i,1},b_{i,m_i-1}} & \boldsymbol{d}_{b_{i,2},b_{i,m_i-1}} & \cdots & \boldsymbol{d}_{b_{i,m_i-1},b_{i,m_i-1}} \end{bmatrix} \tag{9-3}$$

在式（9-2）中，$\boldsymbol{B}_i$ 为第 i 个时段的一组独立基线向量，m_i 为在该时段中进行同步观测的接收机数，$\boldsymbol{b}_{i,k}$ 为该时段中的第 k 条独立基线向量，即

$$\boldsymbol{b}_{i,k} = \begin{bmatrix} \Delta X_{i,k} & \Delta Y_{i,k} & \Delta Z_{i,k} \end{bmatrix}^{\mathrm{T}}$$

在式（9-3）中，$\boldsymbol{D}_{B_i}$ 为该时段的方差－协方差阵；$\boldsymbol{D}_{b_{i,k},b_{i,l}}$ 为该时段中第 k 条基线向量与第 l 条基线向量间的协方差阵；$\boldsymbol{d}_{b_{i,k},b_{i,l}}$ 具有如下形式：

$$\boldsymbol{d}_{b_{i,k},b_{i,l}} = \begin{bmatrix} \sigma_{\Delta X_{i,k}\Delta X_{i,l}} & \sigma_{\Delta X_{i,k}\Delta Y_{i,l}} & \sigma_{\Delta X_{i,k}\Delta Z_{i,l}} \\ \sigma_{\Delta Y_{i,k}\Delta X_{i,l}} & \sigma_{\Delta Y_{i,k}\Delta Y_{i,l}} & \sigma_{\Delta Y_{i,k}\Delta Z_{i,l}} \\ \sigma_{\Delta Z_{i,k}\Delta X_{i,l}} & \sigma_{\Delta Z_{i,k}\Delta Y_{i,l}} & \sigma_{\Delta Z_{i,k}\Delta Z_{i,l}} \end{bmatrix}$$

注意，从 $\boldsymbol{D}_{B_i}$ 的具体形式可以看出，此时认为属于同一时段的基线向量之间是误差相关的，因为反映基线向量之间误差相关特性的协方差子阵 $\boldsymbol{D}_{b_{i,k},b_{i,l}}$（其中 $k \neq l$）不一定为零矩阵。

所有参与构网的基线向量提供了下列信息。

$$\boldsymbol{B} = \begin{bmatrix} \boldsymbol{B}_1 & \boldsymbol{B}_2 & \cdots & \boldsymbol{B}_n \end{bmatrix}^{\mathrm{T}}$$

$$\boldsymbol{D}_B = \begin{bmatrix} \boldsymbol{D}_{B_1} & & & 0 \\ & \boldsymbol{D}_{B_2} & & \\ & & \ddots & \\ 0 & & & \boldsymbol{D}_{B_n} \end{bmatrix}$$

以上两式中，$\boldsymbol{B}$ 为参与构网的所有基线向量，$\boldsymbol{D}_B$ 为相应的方差－协方差阵。由所有参与

构网的基线向量的方差－协方差阵 $\boldsymbol{D}_B$ 可以看出，不属于同一时段的基线向量之间是误差不相关的，因为在方差－协方差阵 $\boldsymbol{D}_B$ 中，反映基线向量之间误差相关特性的协方差子阵为零矩阵。

2. 观测方程

在空间直角坐标系下，GPS 基线向量观测值与基线两端点之间的数学关系为

$$\begin{bmatrix} \Delta X_{ij} \\ \Delta Y_{ij} \\ \Delta Z_{ij} \end{bmatrix} = \begin{bmatrix} X_j \\ Y_j \\ Z_j \end{bmatrix} - \begin{bmatrix} X_i \\ Y_i \\ Z_i \end{bmatrix}$$

式中，(X_i, Y_i, Z_i) 和 (X_j, Y_j, Z_j) 分别为 i，j 两点在地心地固坐标系下的空间直角坐标；$\begin{bmatrix} \Delta X_{ij} & \Delta Y_{ij} & \Delta Z_{ij} \end{bmatrix}^{\mathrm{T}}$ 为 i 点至 j 点的基线向量。

利用上面的数学关系，可以很容易地得出在地心地固坐标系下直角坐标形式的基线向量观测方程，即

$$\begin{bmatrix} \Delta X_{ij} \\ \Delta Y_{ij} \\ \Delta Z_{ij} \end{bmatrix} + \begin{bmatrix} \upsilon_{\Delta X_{ij}} \\ \upsilon_{\Delta Y_{ij}} \\ \upsilon_{\Delta Z_{ij}} \end{bmatrix} = \begin{bmatrix} \hat{X}_j \\ \hat{Y}_j \\ \hat{Z}_j \end{bmatrix} - \begin{bmatrix} \hat{X}_i \\ \hat{Y}_i \\ \hat{Z}_i \end{bmatrix}$$

若令 $\boldsymbol{b}_{ij} = \begin{bmatrix} \Delta X_{ij} & \Delta Y_{ij} & \Delta Z_{ij} \end{bmatrix}^{\mathrm{T}}$，为基线向量观测值；$\boldsymbol{v}_{ij} = \begin{bmatrix} \upsilon_{\Delta X_{ij}} & \upsilon_{\Delta Y_{ij}} & \upsilon_{\Delta Z_{ij}} \end{bmatrix}^{\mathrm{T}}$，为基线向量观测值的改正数；$\hat{\boldsymbol{X}}_i = \begin{bmatrix} \hat{X}_i & \hat{Y}_i & \hat{Z}_i \end{bmatrix}^{\mathrm{T}}$，为 i 点坐标向量的估值；$\hat{\boldsymbol{X}}_j = \begin{bmatrix} \hat{X}_j & \hat{Y}_j & \hat{Z}_j \end{bmatrix}^{\mathrm{T}}$，为 j 点坐标向量的估值，则可将在地心地固坐标系下采用直角坐标形式表示的观测方程表示为

$$\boldsymbol{b}_{ij} + \boldsymbol{v}_{ij} = \hat{\boldsymbol{X}}_j - \hat{\boldsymbol{X}}_i \tag{9-4}$$

3. 误差方程

根据在地心地固坐标系下直角坐标形式的基线向量观测方程（9-4），并令

$$\begin{cases} \hat{\boldsymbol{X}}_i = \boldsymbol{X}_i^0 + \hat{\boldsymbol{x}}_i \\ \hat{\boldsymbol{X}}_j = \boldsymbol{X}_j^0 + \hat{\boldsymbol{x}}_j \\ \boldsymbol{b}_{ij}^0 = \boldsymbol{X}_j^0 - \boldsymbol{X}_i^0 \end{cases}$$

式中，$\boldsymbol{X}_i^0$ 为 i 点坐标向量的近似值；$\hat{\boldsymbol{x}}_i \left(\hat{\boldsymbol{x}}_i = \begin{bmatrix} \hat{x}_i & \hat{y}_i & \hat{z}_i \end{bmatrix}^{\mathrm{T}} \right)$ 为相应的改正数向量；$\boldsymbol{X}_j^0$ 为 j 点坐标向量的近似值；$\hat{\boldsymbol{x}}_j \left(\hat{\boldsymbol{x}}_j = \begin{bmatrix} \hat{x}_j & \hat{y}_j & \hat{z}_j \end{bmatrix}^{\mathrm{T}} \right)$ 为相应的改正数向量；$\boldsymbol{b}_{ij}^0$ 为由基线两端点的坐标向量近似值计算出来的基线向量近似值（计算值）。则可导出地心地固坐标系下空间直角坐标形式的基线向量误差方程：

$$\boldsymbol{v}_{ij} = \begin{bmatrix} -\boldsymbol{I} & \boldsymbol{I} \end{bmatrix} \begin{bmatrix} \hat{\boldsymbol{x}}_i \\ \hat{\boldsymbol{x}}_j \end{bmatrix} - \left(\boldsymbol{b}_{ij} - \boldsymbol{b}_{ij}^0 \right) \tag{9-5}$$

式中，$\boldsymbol{I}$ 为单位矩阵。也可将该误差方程写成如下形式：

$$\begin{bmatrix} v_{\Delta X_{ij}} \\ v_{\Delta Y_{ij}} \\ v_{\Delta Z_{ij}} \end{bmatrix} = \begin{bmatrix} -1 & 0 & 0 & 1 & 0 & 0 \\ 0 & -1 & 0 & 0 & 1 & 0 \\ 0 & 0 & -1 & 0 & 0 & 1 \end{bmatrix} \begin{bmatrix} \hat{X}_i \\ \hat{Y}_i \\ \hat{Z}_i \\ \hat{X}_j \\ \hat{Y}_j \\ \hat{Z}_j \end{bmatrix} - \begin{bmatrix} \Delta X_{ij} - \Delta X_{ij}^0 \\ \Delta Y_{ij} - \Delta Y_{ij}^0 \\ \Delta Z_{ij} - \Delta Z_{ij}^0 \end{bmatrix}$$

利用空间直角坐标与大地坐标间的微分关系（式（9-1）），可以得出在 GPS 网平差中，点 k 的大地坐标向量改正数 $\hat{\boldsymbol{g}}_k = \begin{bmatrix} \hat{b}_k & \hat{l}_k & \hat{h}_k \end{bmatrix}^{\mathrm{T}}$ 与空间直角坐标向量改正数 $\hat{\boldsymbol{x}}_k = \begin{bmatrix} \hat{x}_k & \hat{y}_k & \hat{z}_k \end{bmatrix}^{\mathrm{T}}$ 的关系为

$$\begin{bmatrix} \hat{x}_k \\ \hat{y}_k \\ \hat{z}_k \end{bmatrix} = \boldsymbol{T}_{x_k^0} \begin{bmatrix} \hat{b}_k \\ \hat{l}_k \\ \hat{h}_k \end{bmatrix}$$

或

$$\hat{\boldsymbol{x}}_k = \boldsymbol{T}_{x_k^0} \hat{\boldsymbol{g}}_k \tag{9-6}$$

将式（9-6）代入式（9-5），可得地心地固坐标系下大地坐标形式的基线向量误差方程为

$$\boldsymbol{v}_{ij} = \begin{bmatrix} -\boldsymbol{T}_{x_i^0} & \boldsymbol{T}_{x_i^0} \end{bmatrix} \begin{bmatrix} \hat{\boldsymbol{g}}_i \\ \hat{\boldsymbol{g}}_j \end{bmatrix} - \left(\boldsymbol{b}_{ij} - \boldsymbol{b}_{ij}^0 \right)$$

9.4.4 地面常规观测量

有时，为了某些特殊目的，在 GPS 网中还会引入一些地面常规观测量，较为常见的有空间距离、方位角、方向和天顶距等。

1. 空间距离

地面两点 i、j 的空间距离 S_{ij} 与它们的空间直角坐标 (X_i, Y_i, Z_i)、(X_j, Y_j, Z_j) 之间的关系为

$$S_{ij} = \sqrt{\left(X_j - X_i \right)^2 + \left(Y_j - Y_i \right)^2 + \left(Z_j - Z_i \right)^2}$$

对上式求微分，可以得出空间距离与两端点空间直角坐标之间的微分关系为

$$\mathrm{d}S_{ij} = \frac{X_j - X_i}{S_{ij}} \left(\mathrm{d}X_j - \mathrm{d}X_i \right) + \frac{Y_j - Y_i}{S_{ij}} \left(\mathrm{d}Y_j - \mathrm{d}Y_i \right) + \frac{Z_j - Z_i}{S_{ij}} \left(\mathrm{d}Z_j - \mathrm{d}Z_i \right)$$

令

$$\begin{cases} \Delta X_{ij} = X_j - X_i \\ \Delta Y_{ij} = Y_j - Y_i \\ \Delta Z_{ij} = Z_j - Z_i \end{cases}$$

有

$$dS_{ij} = \frac{\Delta X_{ij}}{S_{ij}}\left(dX_j - dX_i\right) + \frac{\Delta Y_{ij}}{S_{ij}}\left(dY_j - dY_i\right) + \frac{\Delta Z_{ij}}{S_{ij}}\left(dZ_j - dZ_i\right)$$

利用上式，可得空间距离观测值的误差方程为

$$\hat{v}_{s_{ij}} = \frac{\Delta X_{ij}^0}{S_{ij}}\left(dX_j - dX_i\right) + \frac{\Delta Y_{ij}^0}{S_{ij}}\left(dY_j - dY_i\right) + \frac{\Delta Z_{ij}^0}{S_{ij}}\left(dZ_j - dZ_i\right) - \left(S_{ij} - S_{ij}^0\right) \quad (9-7)$$

式中，S_{ij} 为地面两点 i、j 空间距离的观测值；$\hat{v}_{s_{ij}}$ 为其改正数，如令 $\hat{S}_{ij}$ 为空间距离的估值，则有 $\hat{S}_{ij} = S_{ij} + \hat{v}_{s_{ij}}$；$S_{ij}^0 = \sqrt{\left(X_j^0 - X_i^0\right)^2 + \left(Y_j^0 - Y_i^0\right)^2 + \left(Z_j^0 - Z_i^0\right)^2}$，为地面两点 i、j 空间距离的计算值，而 $\left(X_i^0, Y_i^0, Z_i^0\right)$ 和 $\left(X_j^0, Y_j^0, Z_j^0\right)$ 分别为 i、j 两点空间直角坐标的近似值。令

$$\boldsymbol{T}_{s_{ij}} = \left[\begin{array}{ccc} \dfrac{\Delta X_{ij}}{S_{ij}} & \dfrac{\Delta Y_{ij}}{S_{ij}} & \dfrac{\Delta Z_{ij}}{S_{ij}} \end{array}\right]$$

也可将式（9-7）写成

$$\hat{v}_{s_{ij}} = \left[\begin{array}{cc} -\boldsymbol{T}_{S_{ij}^0} & \boldsymbol{T}_{S_{ij}^0} \end{array}\right]\left[\begin{array}{c} \hat{\boldsymbol{x}}_i \\ \hat{\boldsymbol{x}}_j \end{array}\right] - \left(\boldsymbol{S}_{ij} - S_{ij}^0\right) \quad （空间直角坐标形式）$$

或

$$\hat{v}_{s_{ij}} = \left[\begin{array}{cc} -\boldsymbol{T}_{S_{ij}^0}\boldsymbol{T}_{X_i^0} & \boldsymbol{T}_{S_{ij}^0}\boldsymbol{T}_{X_j^0} \end{array}\right]\left[\begin{array}{c} \hat{\boldsymbol{g}}_i \\ \hat{\boldsymbol{g}}_j \end{array}\right] - \left(S_{ij} - S_{ij}^0\right) \quad （大地坐标形式）$$

2. 方位角

地面 i 点至 j 点的方位角 A_{ij} 与在以 i 点为原点的站心直角坐标系下 j 点坐标 $\left(N_{ij}, E_{ij}, U_{ij}\right)$ 的关系为

$$A_{ij} = \arctan\left(\frac{E_{ij}}{N_{ij}}\right)$$

对上式求微分，得出方位角与站心直角坐标之间的微分关系为

$$dA_{ij} = -\frac{E_{ij}}{N_{ij}^2 + E_{ij}^2}dN_{ij} + \frac{N_{ij}}{N_{ij}^2 + E_{ij}^2}dE_{ij} = \left[\begin{array}{ccc} -\dfrac{E_{ij}}{N_{ij}^2 + E_{ij}^2} & \dfrac{N_{ij}}{N_{ij}^2 + E_{ij}^2} & 0 \end{array}\right]\left[\begin{array}{c} dN_{ij} \\ dE_{ij} \\ dU_{ij} \end{array}\right] = \boldsymbol{T}_{A_{ij}}\left[\begin{array}{c} dN_{ij} \\ dE_{ij} \\ dU_{ij} \end{array}\right]$$

式中，

$$\boldsymbol{T}_{A_{ij}} = \left[\begin{array}{ccc} -\dfrac{E_{ij}}{N_{ij}^2 + E_{ij}^2} & \dfrac{N_{ij}}{N_{ij}^2 + E_{ij}^2} & 0 \end{array}\right]$$

而利用站心直角坐标与空间直角坐标的关系式，又可得出空间直角坐标与站心直角坐标之间的微分关系为

$$\begin{bmatrix} \mathrm{d}N_{ij} \\ \mathrm{d}E_{ij} \\ \mathrm{d}U_{ij} \end{bmatrix} = \begin{bmatrix} -\boldsymbol{T}_{T_{ij}} & \boldsymbol{T}_{T_{ij}} \end{bmatrix} \begin{bmatrix} \mathrm{d}X_i \\ \mathrm{d}Y_i \\ \mathrm{d}Z_i \\ \mathrm{d}X_j \\ \mathrm{d}Y_j \\ \mathrm{d}Z_j \end{bmatrix}$$

式中,

$$\boldsymbol{T}_{T_{ij}} = \begin{bmatrix} -\sin B_i \cos L_i & -\sin B_i \sin L_i & \cos B_i \\ -\cos L_i & \cos L_i & 0 \\ \cos B_i \cos L_i & \cos B_i \sin L_i & \sin B_i \end{bmatrix}$$

利用以上两个微分关系,可得出空间直角坐标与方位角之间的微分关系为

$$\mathrm{d}A_{ij} = \begin{bmatrix} -\boldsymbol{T}_{A_{ij}}\boldsymbol{T}_{T_{ij}} & \boldsymbol{T}_{A_{ij}}\boldsymbol{T}_{T_{ij}} \end{bmatrix} \begin{bmatrix} \mathrm{d}X_i \\ \mathrm{d}Y_i \\ \mathrm{d}Z_i \\ \mathrm{d}X_j \\ \mathrm{d}Y_j \\ \mathrm{d}Z_j \end{bmatrix}$$

利用上式可以写出方位角的误差方程:

$$v_{A_{ij}} = \begin{bmatrix} -\boldsymbol{T}_{A_{ij}}\boldsymbol{T}_{T_{ij}} & \boldsymbol{T}_{A_{ij}}\boldsymbol{T}_{T_{ij}} \end{bmatrix} \begin{bmatrix} \hat{\boldsymbol{x}}_i \\ \hat{\boldsymbol{x}}_j \end{bmatrix} - \left(A_{ij} - A_{ij}^0 \right) \quad （空间直角坐标形式）$$

或

$$v_{A_{ij}} = \begin{bmatrix} -\boldsymbol{T}_{A_{ij}}\boldsymbol{T}_{T_{ij}}\boldsymbol{T}_{X_i} & \boldsymbol{T}_{A_{ij}}\boldsymbol{T}_{T_{ij}}\boldsymbol{T}_{X_j} \end{bmatrix} \begin{bmatrix} \hat{\boldsymbol{g}}_i \\ \hat{\boldsymbol{g}}_j \end{bmatrix} - \left(A_{ij} - A_{ij}^0 \right) \quad （大地坐标形式）$$

式中,$A_{ij}^0 = \arctan\left(\dfrac{E_{ij}^0}{N_{ij}^0} \right)$,为根据 i、j 两点的近似坐标计算的方位角的计算值。

3. 方向

如图 9–5 所示,地面 i 点至 j 点的方向 γ_{ij} 与 i 点至 j 点的大地方位角 A_{ij} 之间具有如下关系。

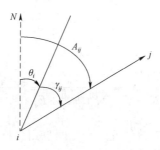

图 9–5　方向与大地方位角的关系

$$\gamma_{ij} = -\theta_i + A_{ij}$$

式中，θ_i 为定向角参数。

利用方位角与空间直角坐标或大地坐标的微分关系可以得出方向观测值的误差方程：

$$v_{\gamma_{ij}} = \begin{bmatrix} -\boldsymbol{T}_{A_{ij}}\boldsymbol{T}_{T_{ij}} & \boldsymbol{T}_{A_{ij}}\boldsymbol{T}_{T_{ij}} \end{bmatrix}\begin{bmatrix} \hat{\boldsymbol{x}}_i \\ \hat{\boldsymbol{x}}_j \end{bmatrix} - \hat{\theta}_i - \left(\gamma_{ij} - A_{ij}^0 - \theta_i^0\right) \quad （空间直角坐标形式）$$

或

$$v_{\gamma_{ij}} = \begin{bmatrix} -\boldsymbol{T}_{A_{ij}}\boldsymbol{T}_{T_{ij}}\boldsymbol{T}_{X_i} & \boldsymbol{T}_{A_{ij}}\boldsymbol{T}_{T_{ij}}\boldsymbol{T}_{X_j} \end{bmatrix}\begin{bmatrix} \hat{\boldsymbol{g}}_i \\ \hat{\boldsymbol{g}}_j \end{bmatrix} - \hat{\theta}_i - \left(\gamma_{ij} - A_{ij}^0 - \theta_i^0\right) \quad （大地坐标形式）$$

式中，$v_{\gamma_{ij}}$ 为方向观测值 γ_{ij} 的改正数；θ_i^0 为定向角参数的近似值；$\hat{\theta}_i$ 为定向角参数的改正数。

4. 天顶距

地面 i 点至 j 点的天顶距 Z_{ij} 与在以 i 点为原点的站心直角坐标下 j 点坐标 $\left(N_{ij}, E_{ij}, U_{ij}\right)$ 的关系为

$$Z_{ij} = \arccos\left(\frac{U_{ij}}{\sqrt{N_{ij}^2 + E_{ij}^2 + U_{ij}^2}}\right) = \arccos\left(\frac{U_{ij}}{S_{ij}}\right)$$

对上式求微分，得出天顶距与站心直角坐标之间的微分关系为

$$dZ_{ij} = \frac{N_{ij}U_{ij}}{S_{ij}^2\sqrt{N_{ij}^2 + E_{ij}^2}}dN_{ij} + \frac{E_{ij}U_{ij}}{S_{ij}^2\sqrt{N_{ij}^2 + E_{ij}^2}}dE_{ij} - \frac{\sqrt{N_{ij}^2 + E_{ij}^2}}{S_{ij}^2}dU_{ij}$$

$$= \begin{bmatrix} \dfrac{N_{ij}U_{ij}}{S_{ij}^2\sqrt{N_{ij}^2 + E_{ij}^2}} & \dfrac{E_{ij}U_{ij}}{S_{ij}^2\sqrt{N_{ij}^2 + E_{ij}^2}} & -\dfrac{\sqrt{N_{ij}^2 + E_{ij}^2}}{S_{ij}^2} \end{bmatrix}\begin{bmatrix} dN_{ij} \\ dE_{ij} \\ dU_{ij} \end{bmatrix} \quad （9-8）$$

$$= \boldsymbol{T}_{Z_{ij}}\begin{bmatrix} dN_{ij} \\ dE_{ij} \\ dU_{ij} \end{bmatrix}$$

式中，

$$\boldsymbol{T}_{Z_{ij}} = \begin{bmatrix} \dfrac{N_{ij}U_{ij}}{S_{ij}^2\sqrt{N_{ij}^2 + E_{ij}^2}} & \dfrac{E_{ij}U_{ij}}{S_{ij}^2\sqrt{N_{ij}^2 + E_{ij}^2}} & -\dfrac{\sqrt{N_{ij}^2 + E_{ij}^2}}{S_{ij}^2} \end{bmatrix}$$

由天顶距与站心直角坐标间的微分关系和空间直角坐标与站心直角坐标的微分关系，可得出空间直角坐标与天顶距之间的微分关系为

$$dZ_{ij} = \begin{bmatrix} -\boldsymbol{T}_{Z_{ij}}\boldsymbol{T}_{T_i} & -\boldsymbol{T}_{Z_{ij}}\boldsymbol{T}_{T_i} \end{bmatrix} \begin{bmatrix} dX_i \\ dY_i \\ dZ_i \\ dX_j \\ dY_j \\ dZ_j \end{bmatrix}$$

而大地坐标与天顶距之间的微分关系为

$$dZ_{ij} = \begin{bmatrix} -\boldsymbol{T}_{Z_{ij}}\boldsymbol{T}_{T_i}\boldsymbol{T}_{X_i} & -\boldsymbol{T}_{Z_{ij}}\boldsymbol{T}_{T_j}\boldsymbol{T}_{X_j} \end{bmatrix} \begin{bmatrix} dB_i \\ dL_i \\ dH_i \\ dB_j \\ dL_j \\ dH_j \end{bmatrix}$$

利用上式可以写出高度角的误差方程为

$$\upsilon_{Z_{ij}} = \begin{bmatrix} -\boldsymbol{T}_{Z_{ij}}\boldsymbol{T}_{T_i} & -\boldsymbol{T}_{A_{ij}}\boldsymbol{T}_{T_j} \end{bmatrix} \begin{bmatrix} \hat{\boldsymbol{x}}_i \\ \hat{\boldsymbol{x}}_j \end{bmatrix} - \left(Z_{ij} - Z_{zj}^0 \right)$$

或

$$\upsilon_{Z_{ij}} = \begin{bmatrix} -\boldsymbol{T}_{Z_{ij}}\boldsymbol{T}_{T_i}\boldsymbol{T}_{X_i} & -\boldsymbol{T}_{Z_{ij}}\boldsymbol{T}_{T_j}\boldsymbol{T}_{X_j} \end{bmatrix} \begin{bmatrix} \hat{\boldsymbol{g}}_i \\ \hat{\boldsymbol{g}}_j \end{bmatrix} - \left(Z_{ij} - Z_{ij}^0 \right)$$

式中，Z_{ij}^0 为由 i、j 两点的近似坐标计算得出的天顶距；$\upsilon_{Z_{ij}}$ 为天顶距观测值 Z_{ij} 的改正数。

9.4.5　起算数据

1. 起算点

在 GPS 网平差中，若 i 点的空间直角坐标已知，则可以列出如下条件方程：

$$\hat{\boldsymbol{x}}_i = \boldsymbol{0}$$

若 i 点的大地坐标已知，则可以列出如下限制条件：

$$\boldsymbol{T}_{X_i}\hat{\boldsymbol{g}}_i = \boldsymbol{0}$$

2. 起算边长

在 GPS 网平差中，若 i、j 两点之间的空间距离已知，则可以列出如下条件方程：

$$\begin{bmatrix} -\boldsymbol{T}_{S_{ij}^0} & \boldsymbol{T}_{S_{ij}^0} \end{bmatrix} \begin{bmatrix} \hat{\boldsymbol{x}}_i \\ \hat{\boldsymbol{x}}_j \end{bmatrix} = \boldsymbol{0}$$

或

$$\begin{bmatrix} -\boldsymbol{T}_{S_{ij}^0}\boldsymbol{T}_{X_i^0} & \boldsymbol{T}_{S_{ij}^0}\boldsymbol{T}_{X_j^0} \end{bmatrix} \begin{bmatrix} \hat{\boldsymbol{g}}_i \\ \hat{\boldsymbol{g}}_j \end{bmatrix} = \boldsymbol{0}$$

3. 起算方位

在 GPS 网平差中，若 i、j 两点之间的方位角已知，则可以列出如下条件方程：

$$\begin{bmatrix} -\boldsymbol{T}_{A_{ij}} \boldsymbol{T}_{T_{ij}} & \boldsymbol{T}_{A_{ij}} \boldsymbol{T}_{T_{ij}} \end{bmatrix} \begin{bmatrix} \hat{\boldsymbol{x}}_i \\ \hat{\boldsymbol{x}}_j \end{bmatrix} = \boldsymbol{0}$$

或

$$\begin{bmatrix} -\boldsymbol{T}_{A_{ij}} \boldsymbol{T}_{T_{ij}} \boldsymbol{T}_{X_i} & \boldsymbol{T}_{A_{ij}} \boldsymbol{T}_{T_{ij}} \boldsymbol{T}_{X_j} \end{bmatrix} \begin{bmatrix} \hat{\boldsymbol{g}}_i \\ \hat{\boldsymbol{g}}_j \end{bmatrix} = \boldsymbol{0}$$

9.5　GPS 网的三维平差

GPS 网的三维平差，首先应进行三维无约束平差，平差后通过观测值改正数检验发现基线向量中是否存在粗差，并剔除含有粗差的基线向量，再重新进行平差，直至确定网中没有粗差后，对单位权方差因子进行 χ^2 检验，判断平差的基线向量随机模型是否存在误差，并对随机模型进行改正，以提供较为合适的平差随机模型。在对 GPS 网进行约束平差或联合平差后，还应对平差中加入的转换参数进行显著性检验，对于不显著的参数应剔除，以免破坏平差方程的性态。

9.5.1　三维无约束平差

三维无约束平差的主要目的是检核 GPS 网本身的内符合精度及基线向量之间是否有明显的系统误差和粗差，其平差应不引入外部基准或者虽引入外部基准但并不会由其误差使控制网产生变形和改正。由于 GPS 基线向量本身提供了尺度基准和定向基准，故进行 GPS 网三维无约束平差时，只需提供一个位置基准，且由于只引入一个位置基准，因此网不会因该基准误差产生变形，所以是一种无约束平差。平差中有两种引入基准的方法：一种是取网中任意一点的坐标作为网的位置基准；另一种是引入一种合适的近似坐标系统下的秩亏自由网基准。

1. 数学模型

（1）误差方程

GPS 网三维无约束平差所采用的观测值均为基线向量，即 GPS 基线的起点到终点的坐标差，因此对于每一条基线向量都可以列出如下一组误差方程：

$$\begin{bmatrix} v_{\Delta X} \\ v_{\Delta Y} \\ v_{\Delta Z} \end{bmatrix} = \begin{bmatrix} -1 & 0 & 0 \\ 0 & -1 & 0 \\ 0 & 0 & -1 \end{bmatrix} \begin{bmatrix} \mathrm{d}X_i \\ \mathrm{d}Y_i \\ \mathrm{d}Z_i \end{bmatrix} + \begin{bmatrix} 1 & 0 & 0 \\ 0 & 1 & 0 \\ 0 & 0 & 1 \end{bmatrix} \begin{bmatrix} \mathrm{d}X_j \\ \mathrm{d}Y_j \\ \mathrm{d}Z_j \end{bmatrix} - \begin{bmatrix} \Delta X_{ij} - X_i^0 + X_j^0 \\ \Delta Y_{ij} - Y_i^0 + Y_j^0 \\ \Delta Z_{ij} - Z_i^0 + Z_j^0 \end{bmatrix}$$

若在 GPS 网共有 n 个点，通过观测共得到 m 条独立基线向量，可将总的误差方程写为如下形式（假定第 m_1 条基线的两个端点分别为第 n_1 个点（起点）和第 n_2 个点（终点）：

$$V = \hat{\boldsymbol{B}} X - L$$

式中：

$$L_{3m \times 1} = \begin{bmatrix} l_1 & l_2 & \cdots & l_{m_1} & \cdots & l_m \end{bmatrix}^{\mathrm{T}}$$

$$V_{3m \times 1} = \begin{bmatrix} \boldsymbol{v}_1 & \boldsymbol{v}_2 & \cdots & \boldsymbol{v}_{m_1} & \cdots & \boldsymbol{v}_m \end{bmatrix}^{\mathrm{T}}$$

$$\hat{X}_{3n\times1} = \begin{bmatrix} \hat{x}_1 & \hat{x}_2 & \cdots & \hat{x}_{n_1} & \cdots & \hat{x}_{n_2} & \cdots & \hat{x}_n \end{bmatrix}^{\mathrm{T}}$$

其中

$$l_{m_1\atop 3\times1} = \begin{bmatrix} \Delta X_{m_1} \\ \Delta Y_{m_1} \\ \Delta Z_{m_1} \end{bmatrix} - \begin{bmatrix} \Delta X_{m_1}^0 \\ \Delta Y_{m_1}^0 \\ \Delta Z_{m_1}^0 \end{bmatrix}$$

$$v_{m_1} = \begin{bmatrix} v_{\Delta X_{m_1}} & v_{\Delta Y_{m_1}} & v_{\Delta Z_{m_1}} \end{bmatrix}^{\mathrm{T}}$$

$$\hat{x}_{n_1} = \begin{bmatrix} \hat{x}_{n_1} & \hat{Y}_{n_1} & \hat{Z}_{n_1} \end{bmatrix}^{\mathrm{T}}$$

$$\hat{B}_{3m\times3n} = \begin{bmatrix} \bullet & \bullet & \cdots & \bullet & \cdots & \bullet & \cdots & \bullet \\ \bullet & \bullet & \cdots & \bullet & \cdots & \bullet & \cdots & \bullet \\ \vdots & \vdots & & \vdots & & \vdots & & \vdots \\ \mathbf{0} & \mathbf{0} & \cdots & \underbrace{-I}_{\text{第}n_1\text{列块}} & \cdots & \underbrace{I}_{\text{第}n_2\text{列块}} & \cdots & \mathbf{0} \\ \vdots & \vdots & & \vdots & & \vdots & & \vdots \\ \bullet & \bullet & \cdots & \bullet & \cdots & \bullet & \cdots & \bullet \end{bmatrix}$$

该矩阵由 $m\times n$ 个 3×3 的子块构成，式中给出了第 m_1 个行块的具体内容，其中

$$I = \begin{bmatrix} 1 & 0 & 0 \\ 0 & 1 & 0 \\ 0 & 0 & 1 \end{bmatrix}, \quad -I = \begin{bmatrix} -1 & 0 & 0 \\ 0 & -1 & 0 \\ 0 & 0 & -1 \end{bmatrix}$$

（2）起算基准

平差所用的观测方程是通过上面的方法列出的，为了进行三维无约束平差，还需引入位置基准。引入位置基准的方法一般有以下两种。

第一种是以 GPS 网中一个点的地心坐标作为起算的位置基准，即可有一个基准方程：

$$\hat{x}_k = \mathbf{0}$$

即

$$\begin{bmatrix} \hat{x}_k \\ \hat{y}_k \\ \hat{z}_k \end{bmatrix} = \begin{bmatrix} 0 \\ 0 \\ 0 \end{bmatrix}$$

也可将上面的基准方程写成

$$\hat{G X} = \mathbf{0}$$

式中

$$G_{3\times3n} = \begin{bmatrix} \mathbf{0}_{3\times3} & \cdots & \underset{\text{第}k\text{个子阵}}{I_{3\times3}} & \cdots & \mathbf{0}_{3\times3} \end{bmatrix}$$
由 n 个 3×3 的子阵组成，除了第 k 个子阵外，其余均为零矩阵

第二种是采用秩亏自由网基准，引入下面的基准方程：

$$\hat{G X} = \mathbf{0}$$

式中

$$G_{3\times 3n} = \underbrace{\begin{bmatrix} I_{3\times 3} & I_{3\times 3} & I_{3\times 3} & \cdots & I_{3\times 3} \end{bmatrix}}_{\text{由}n\text{个}3\times 3\text{的单元阵组成}}$$

（3）观测值权阵

在 GPS 网的三维无约束平差中，基线向量观测值权阵通常由基线解算时得出各基线向量的方差 – 协方差阵来确定。

（4）方程的解

根据上面的误差方程、观测值权阵和基准方程，按照最小二乘原理进行平差解算，得到平差结果：

$$\hat{X} = N_{bb}^{-1} - N_{bb}^{-1}G^{\mathrm{T}}N_{gg}^{-1}GN_{bb}^{-1}W$$

式中：

$$N_{bb} = B^{\mathrm{T}}PB, \quad N_{gg} = GN^{-1}G^{\mathrm{T}}, \quad W = B^{\mathrm{T}}PL$$

待定点坐标参数估值为

$$\hat{X} = X_0 + \hat{x}$$

观测值的单位权中误差为

$$\hat{\sigma}_0 = \sqrt{\frac{V^{\mathrm{T}}PV}{3n-3m+3}}$$

其中，n 为组成 GPS 网的基线数，m 为点数。

2. 单位权方差的检验

在平差完成后，需要进行单位权方差估值 $\hat{\sigma}_0^2$ 的检验，它应与平差前先验的单位权方差 σ_0^2 一致。判断它们是否一致可采用 χ^2 – 检验，检验方法如下。

原假设 H_0：$\hat{\sigma}_0^2 = \sigma_0^2$；备选假设 H_1：$\hat{\sigma}_0^2 \neq \sigma_0^2$。式中，

$$\hat{\sigma}_0^2 = \frac{V^{\mathrm{T}}PV}{3n-3m+3}$$

若

$$\frac{V^{\mathrm{T}}PV}{\chi_{\alpha/2}^2} < \sigma_0^2 < \frac{V^{\mathrm{T}}PV}{\chi_{1-\alpha/2}^2}$$

其中，α 为显著性水平，则 H_0 成立，检验通过；反之，则 H_1 成立，检验未通过。

在三维无约束平差中，单位权方差估值 $\hat{\sigma}_0^2$ 的检验主要用于确定如下两个方面的问题：一是观测值的先验单位权方差是否合适；二是各观测值之间的权比关系是否合适。

当 χ^2 – 检验未通过时，通常表明可能具有如下三个方面的问题。

① 给定了不适当的先验单位权方差。

② 观测值之间的权比关系不合适。

③ 观测值中可能存在粗差。

在进行三维无约束平差时，最初通常会将单位权方差设为 1。由于该值是经验给定的值，因而在大多数情况下，并不是与所给定的观测值权阵相一致的单位权方差。虽然在三维无约

束平差中，如果仅有 GPS 观测值，并不会影响参数的估值，但是为了在后续的约束平差或联合平差中对起算数据的质量进行检验，通常需要对先验的单位权方差进行调整，使其与验后的单位权方差一致。

观测值的权阵通常利用基线解算时与基线向量估值一同得出的基线向量的方差-协方差阵生成。由于基线解算时得出的方差-协方差阵反映的主要是观测值的内符合精度，而影响基线向量实际精度的系统误差并未能完全反映，因此据此生成的权阵实际上可能无法正确反映观测值之间的权比关系。通过 χ^2-检验，可以确定观测值的权阵是否合适。

如果 GPS 基线向量中含有粗差，可以认为其方差非常大，但其基线向量解给出的方差并不能反映这一情况。实际上，也可以将这种情况当作是观测值之间的权比关系不适当。

如果无法确定究竟发生了上述三种情况中的哪一种，则必须利用其他信息加以判断，如基线向量残差的大小及分布、在测量时是否采用了不同的观测方法或仪器、是否采用了不同数据处理软件进行基线解算、基线向量的类型是否相同。

3. 残差检验

根据 GB/T 18314—2009 的要求，GPS 网无约束平差得出的相邻点距离精度应满足规范中对各等级网的要求。除此以外，无约束平差基线分量改正数的绝对值 $(V_{\Delta X}, V_{\Delta Y}, V_{\Delta Z})$ 应满足如下要求：

$$V_{\Delta X} \leqslant 3\sigma，\quad V_{\Delta Y} \leqslant 3\sigma，\quad V_{\Delta Z} \leqslant 3\sigma$$

式中，σ 为相应级别规定的基线的精度。若基线分量改正数超限，则认为该基线或其附近的基线存在粗差，应在平差中将其剔除，直至所有参与平差的基线满足要求。

9.5.2　三维约束平差

GPS 基线向量网的三维约束平差是在三维参心坐标系中进行的，平差中将参心坐标系下已知的三维坐标、方位及边长等作为基准约束条件，由此建立 GPS 三维基线向量的观测方程进行约束平差。

1. 基本方法

进行 GPS 网三维约束平差的方法主要有以下两种。

① 利用已知参心坐标系，计算参心坐标系到地心坐标系的转换关系，将已知的参心坐标转换到地心坐标系下，然后在地心坐标系下进行约束平差，最后将平差结果转换到参心坐标系。

② 建立包含地心坐标系到参心坐标系的转换参数和参心坐标系下坐标参数在内的统一函数模型，平差后可直接得出待定点在参心坐标系下的坐标。

在这里主要介绍第二种方法。

2. 数学模型

（1）误差方程

设有一 GPS 基线向量 $\Delta \boldsymbol{X}_{A_{ij}} = \begin{bmatrix} \Delta X_{ij} & \Delta Y_{ij} & \Delta Z_{ij} \end{bmatrix}_A^{\mathrm{T}}$，其两端点在地心坐标系 A 下的坐标分别为

$$\boldsymbol{X}_{A_i} = \begin{bmatrix} X_i & Y_i & Z_i \end{bmatrix}_A^{\mathrm{T}}，\quad \boldsymbol{X}_{A_j} = \begin{bmatrix} X_j & Y_j & Z_j \end{bmatrix}_A^{\mathrm{T}}$$

在参心坐标系 B 下的坐标分别为

$$\boldsymbol{X}_{B_i} = \begin{bmatrix} X_i & Y_i & Z_i \end{bmatrix}_B^T, \quad \boldsymbol{X}_{B_j} = \begin{bmatrix} X_j & Y_j & Z_j \end{bmatrix}_B^T$$

根据七参数基准转换模型，有

$$\boldsymbol{X}_{A_i} = \begin{bmatrix} X_i \\ Y_i \\ Z_i \end{bmatrix}_A = \begin{bmatrix} X_i \\ Y_i \\ Z_i \end{bmatrix}_B + \boldsymbol{K}_i \boldsymbol{T}, \quad \boldsymbol{X}_{A_j} = \begin{bmatrix} X_j \\ Y_j \\ Z_j \end{bmatrix}_A = \begin{bmatrix} X_j \\ Y_j \\ Z_j \end{bmatrix}_B + \boldsymbol{K}_j \boldsymbol{T}$$

式中，

$$\boldsymbol{K}_i = \begin{bmatrix} 1 & 0 & 0 & 0 & -Z_i & Y_i & X_i \\ 0 & 1 & 0 & Z_i & 0 & -X_i & Y_i \\ 0 & 0 & 1 & -Y_i & X_i & 0 & Z_i \end{bmatrix}_A$$

$$\boldsymbol{K}_j = \begin{bmatrix} 1 & 0 & 0 & 0 & -Z_j & Y_j & X_j \\ 0 & 1 & 0 & Z_j & 0 & -X_j & Y_j \\ 0 & 0 & 1 & -Y_j & X_j & 0 & Z_j \end{bmatrix}_A$$

$\boldsymbol{T} = \begin{bmatrix} T_X & T_Y & T_Z & \omega_X & \omega_Y & \omega_Z & m \end{bmatrix}^T$ 为 7 个基准转换参数，T_X、T_Y 和 T_Z 为平移参数；ω_X、ω_Y 和 ω_Z 为旋转参数；m 为尺度参数。

则参心坐标系 B 下的基本观测方程为

$$\begin{bmatrix} \Delta X_{ij} \\ \Delta Y_{ij} \\ \Delta Z_{ij} \end{bmatrix}_A + \begin{bmatrix} v_{\Delta X_{ij}} \\ v_{\Delta Y_{ij}} \\ v_{\Delta Z_{ij}} \end{bmatrix}_A = \left(\begin{bmatrix} \hat{X}_j \\ \hat{Y}_j \\ \hat{Z}_j \end{bmatrix}_B + \boldsymbol{K}_j \boldsymbol{T} \right) - \left(\begin{bmatrix} \hat{X}_i \\ \hat{Y}_i \\ \hat{Z}_i \end{bmatrix}_B + \boldsymbol{K}_i \boldsymbol{T} \right) \quad (9-9)$$

分析式（9-9）可知，平移参数 T_X、T_Y、T_Z 将会被消去，这样就有

$$\begin{bmatrix} \Delta X_{ij} \\ \Delta Y_{ij} \\ \Delta Z_{ij} \end{bmatrix}_A + \begin{bmatrix} v_{\Delta X_{ij}} \\ v_{\Delta Y_{ij}} \\ v_{\Delta Z_{ij}} \end{bmatrix}_A = \begin{bmatrix} X_j^0 + \hat{x}_j \\ Y_j^0 + \hat{y}_j \\ Z_j^0 + \hat{z}_j \end{bmatrix}_B - \begin{bmatrix} X_i^0 + \hat{x}_i \\ Y_i^0 + \hat{y}_i \\ Z_i^0 + \hat{z}_i \end{bmatrix}_B + \begin{bmatrix} 0 & -\Delta Z_{ij}^0 & \Delta Y_{ij}^0 & \Delta X_{ij}^0 \\ \Delta Z_{ij}^0 & 0 & -\Delta X_{ij}^0 & \Delta Y_{ij}^0 \\ -\Delta Y_{ij}^0 & \Delta X_{ij}^0 & 0 & \Delta Z_{ij}^0 \end{bmatrix}_B \begin{bmatrix} \hat{\omega}_X \\ \hat{\omega}_Y \\ \hat{\omega}_Z \\ \hat{m} \end{bmatrix}_B$$

$$= \begin{bmatrix} \Delta X_{ij} \\ \Delta Y_{ij} \\ \Delta Z_{ij} \end{bmatrix}_B + \begin{bmatrix} -1 & 0 & 0 & 1 & 0 & 0 & 0 & -\Delta Z_{ij}^0 & \Delta Y_{ij}^0 & \Delta X_{ij}^0 \\ 0 & -1 & 0 & 0 & 1 & 0 & \Delta Z_{ij}^0 & 0 & -\Delta X_{ij}^0 & \Delta Y_{ij}^0 \\ 0 & 0 & -1 & 0 & 0 & 1 & -\Delta Y_{ij}^0 & \Delta X_{ij}^0 & 0 & \Delta Z_{ij}^0 \end{bmatrix} \begin{bmatrix} \hat{x}_i \\ \hat{x}_i \\ \hat{y}_i \\ \hat{x}_j \\ \hat{y}_j \\ \hat{z}_j \\ \hat{\omega}_X \\ \hat{\omega}_Y \\ \hat{\omega}_Z \\ m \end{bmatrix}_B$$

则误差方程为

$$\begin{bmatrix} v_{\Delta X_{ij}} \\ v_{\Delta Y_{ij}} \\ v_{\Delta Z_{ij}} \end{bmatrix}_A = \begin{bmatrix} -1 & 0 & 0 & 1 & 0 & 0 & 0 & -\Delta Z_{ij}^0 & \Delta Y_{ij}^0 & \Delta X_{ij}^0 \\ 0 & -1 & 0 & 0 & 1 & 0 & \Delta Z_{ij}^0 & 0 & -\Delta X_{ij}^0 & \Delta Y_{ij}^0 \\ 0 & 0 & -1 & 0 & 0 & 1 & -\Delta Y_{ij}^0 & \Delta X_{ij}^0 & 0 & \Delta Z_{ij}^0 \end{bmatrix} \begin{bmatrix} \hat{x}_i \\ \hat{x}_i \\ \hat{y}_i \\ \hat{x}_j \\ \hat{y}_j \\ \hat{z}_j \\ \hat{\omega}_X \\ \hat{\omega}_Y \\ \hat{\omega}_Z \\ m \end{bmatrix}_B -$$

$$\left(\begin{bmatrix} \Delta X_{ij} \\ \Delta Y_{ij} \\ \Delta Z_{ij} \end{bmatrix}_A - \begin{bmatrix} \Delta X_{ij}^0 \\ \Delta Y_{ij}^0 \\ \Delta Z_{ij}^0 \end{bmatrix}_B \right)$$

对于一个由 n 个点 m 条基线向量所构成的 GPS 网，其总的误差方程为

$$V = B\hat{X} - L$$

式中，

$$\hat{X}_{(3n+4)\times 1} = \begin{bmatrix} \hat{X}_1 & \hat{X}_2 \\ {\scriptstyle 3n\times 1} & {\scriptstyle 4\times 1} \end{bmatrix}$$

其中，$\hat{X}_1 = \begin{bmatrix} \hat{x}_1 & \hat{x}_2 & \cdots & \hat{x}_n \end{bmatrix}^{\mathrm{T}}$ 为坐标参数，$\hat{X}_2 = \begin{bmatrix} \hat{\omega}_X & \hat{\omega}_Y & \hat{\omega}_Z & \hat{\omega} \end{bmatrix}^{\mathrm{T}}$ 为基准转换参数。

$B_{3m\times(3n+4)} = \begin{bmatrix} b_1 & b_2 & \cdots & b_m \\ {\scriptstyle 3\times(3n+4)} & {\scriptstyle 3\times(3n+4)} & & {\scriptstyle 3\times(3n+4)} \end{bmatrix}^{\mathrm{T}}$，假定第 l 条基线向量的两个端点分别为 i、j，则有

$$b_i = \begin{bmatrix} \mathbf{0}_{3\times 3} & \cdots & \underbrace{-I_{3\times 3}}_{\text{第}i\text{个子阵}} & \cdots & \underbrace{I_{3\times 3}}_{\text{第}j\text{个子阵}} & \cdots & \mathbf{0}_{3\times 3} & \underbrace{T_{D_{i,j}}}_{\substack{3\times 4 \\ \text{第}n+1\text{个子阵}}} \end{bmatrix}$$

其中

$$T_{D_{i,j}} = \begin{bmatrix} 0 & -\Delta Z_{ij}^0 & \Delta Y_{ij}^0 & \Delta X_{ij}^0 \\ \Delta Z_{ij}^0 & 0 & -\Delta X_{ij}^0 & \Delta Y_{ij}^0 \\ -\Delta Y_{ij}^0 & \Delta X_{ij}^0 & 0 & \Delta Z_{ij}^0 \end{bmatrix}$$

其余符号的含义与前面三维无约束平差的误差方程类似。

（2）约束条件

若在 B 坐标系下共有 l_C 个点的坐标、l_D 个边长和 l_A 个方位已知，则有约束条件（基准方程）：

$$G\hat{X} = 0$$

式中

$$\underset{(3l_C+l_L+l_A)\times(3n+4)}{\boldsymbol{G}} = \left[\underset{3l_C\times(3n+4)}{\boldsymbol{G}_C} \quad \underset{l_D\times(3n+4)}{\boldsymbol{G}_D} \quad \underset{l_A\times(3n+4)}{\boldsymbol{G}_A} \right]^{\mathrm{T}}$$

而

$$\underset{3l_C\times(3n+4)}{\boldsymbol{G}_C} = \left[\underset{3\times(3n+4)}{\boldsymbol{g}_{C_1}} \quad \underset{3\times(3n+4)}{\boldsymbol{g}_{C_2}} \quad \cdots \quad \underset{3\times(3n+4)}{\boldsymbol{g}_{C_{l_C}}} \right]^{\mathrm{T}}, \quad \underset{l_D\times(3n+4)}{\boldsymbol{G}_D} = \left[\underset{1\times(3n+4)}{\boldsymbol{g}_{D_1}} \quad \underset{1\times(3n+4)}{\boldsymbol{g}_{D_2}} \quad \cdots \quad \underset{1\times(3n+4)}{\boldsymbol{g}_{D_{l_D}}} \right]^{\mathrm{T}},$$

$$\underset{l_A\times(3n+4)}{\boldsymbol{G}_A} = \left[\underset{1\times(3n+4)}{\boldsymbol{g}_{A_1}} \quad \underset{1\times(3n+4)}{\boldsymbol{g}_{A_2}} \quad \cdots \quad \underset{1\times(3n+4)}{\boldsymbol{g}_{A_{l_A}}} \right]^{\mathrm{T}}$$

分别为坐标、边长和方位约束条件的系数，且有

$$\underset{3\times(3n+4)}{\boldsymbol{g}_{C_k}} = \left[\underset{3\times3}{\boldsymbol{0}_{3\times3}} \quad \cdots \quad \underset{\text{第}k\text{个子阵}}{\boldsymbol{I}_{3\times3}} \quad \cdots \quad \boldsymbol{0}_{3\times3} \quad \boldsymbol{0}_{3\times4} \right]$$

由 $n+1$ 个子阵组成，除了第 k 个子阵外，其余均为零矩阵

$$\underset{1\times(3n+4)}{\boldsymbol{g}_{D_{i,j}}} = \left[\boldsymbol{0}_{1\times3} \quad \cdots \quad \underset{\underset{\text{第}i\text{个子阵}}{1\times3}}{-\boldsymbol{T}_{S_{ij}^0}} \quad \cdots \quad \underset{\underset{\text{第}j\text{个子阵}}{1\times3}}{-\boldsymbol{T}_{S_{ij}^0}} \quad \cdots \quad \boldsymbol{0}_{1\times3} \quad \boldsymbol{0}_{1\times4} \right]$$

由 $n+1$ 个子阵组成，除了 i,j 个子阵外，其余均为零矩阵

$$\underset{1\times(3n+4)}{\boldsymbol{g}_{A_{i,j}}} = \left[\boldsymbol{0}_{1\times3} \quad \cdots \quad \underset{\underset{\text{第}i\text{个子阵}}{1\times3 \quad 3\times3}}{-\boldsymbol{T}_{A_{ij}} \quad \boldsymbol{T}_{T_i}} \quad \cdots \quad \underset{\underset{\text{第}j\text{个子阵}}{1\times3 \quad 3\times3}}{\boldsymbol{T}_{A_{ij}} \quad \boldsymbol{T}_{T_j}} \quad \cdots \quad \boldsymbol{0}_{1\times3} \quad \boldsymbol{0}_{1\times4} \right]$$

由 $n+1$ 个子阵组成，除了 i,j 个子阵外，其余均为零矩阵

（3）观测值权阵

在 GPS 网的三维约束平差时，基线向量观测值的权阵为无约束平差中最终采用的观测值权阵。

（4）方程的解

根据上面的观测方程和基准方程，按照最小二乘原理进行平差解算，得到平差结果：

$$\hat{\boldsymbol{X}} = \left(\boldsymbol{N}_{bb} + \boldsymbol{N}_{gg} \right)^{-1} \boldsymbol{W}$$

式中：

$$\boldsymbol{N}_{bb} = \boldsymbol{B}^{\mathrm{T}} \boldsymbol{P} \boldsymbol{B}$$

$$\boldsymbol{N}_{gg} = \boldsymbol{G} \boldsymbol{N}^{-1} \boldsymbol{G}^{\mathrm{T}}$$

$$\boldsymbol{W} = \boldsymbol{B}^{\mathrm{T}} \boldsymbol{P} \boldsymbol{L}$$

待定参数估值为

$$\hat{\boldsymbol{X}} = \boldsymbol{X}^0 + \hat{\boldsymbol{x}}$$

单位权中误差为

$$\hat{\sigma}_0 = \sqrt{\frac{\boldsymbol{V}^{\mathrm{T}}\boldsymbol{P}\boldsymbol{V}}{3n-3m+3l}}$$

其中，n 为组成 GPS 网的基线数，m 为总点数；l 为已知点数。

3. 单位权方差的检验

与无约束平差时一样，在约束平差完成后，也需要采用 χ^2 – 检验的方法进行单位权方差估值 $\hat{\sigma}_0^2$ 的检验。不过目的不一样，此时是为了确定起算数据是否与 GPS 观测成果相容。如果未通过 χ^2 – 检验，通常表明起算数据与 GPS 网不相容。可能有两种原因造成上述情况：一种是起算数据的质量不高；另一种是 GPS 网质量不高。在大多数情况下是前一种原因。

4. 残差检验

根据 GB/T 18314—2009 的要求，GPS 网的约束平差中，基线分量改正数与经过粗差剔除后的无约束平差的同一基线相应改正数较差的绝对值 $(\mathrm{d}V_{\Delta X}, \mathrm{d}V_{\Delta Y}, \mathrm{d}V_{\Delta Z})$ 应满足如下要求：

$$\mathrm{d}V_{\Delta X} \leqslant 2\sigma, \quad \mathrm{d}V_{\Delta Y} \leqslant 2\sigma, \quad \mathrm{d}V_{\Delta Z} \leqslant 2\sigma$$

式中，σ 为相应级别规定的基线的精度。若结果不满足要求，则认为作为约束的已知坐标、已知距离、已知方位等数据中存在一些误差较大的值，应删除这些误差较大的约束值，直至满足要求。

5. 起算数据的检验

在进行 GPS 网的约束平差或联合平差时，必须对起算数据质量进行检验。

在进行平差解算时，不是一次性地固定所有已知点，而是逐步加以固定。具体方法是：首先固定一个已知点进行平差，将平差得到的其他已知点坐标与已知值进行比较，由于 WGS84 与当地坐标系之间存在旋转和缩放，此时的坐标差异可能会达到分米级，但具有一定的系统性；然后，再增加一个固定点进行平差，同样将平差所得的其他已知点坐标与已知值进行比较，当已知点坐标不存在问题时，它们之间的差异应在厘米级，否则就可以确定已知点的坐标存在问题。为了确定存在问题的起算点，可以采用轮换固定多个已知点的方法。

当只有两个已知点时，可通过直接用 GPS 联测这两个已知点，然后再在当地坐标下比较它们坐标差的已知值与联测值或边长已知值与联测值的方法检验起算数据，此时虽能发现已知点可能存在问题，但无法确定存在问题的点。

9.5.3　三维联合平差

三维联合平差是指除了考虑上述 GPS 基线向量的观测方程和作为基准的约束条件外，同时考虑地面测量中的常规观测值如方向、距离、天顶距等的平差。

1. 误差方程

GPS 网的联合平差通常是在一个局部参照系下进行的，平差所采用的观测量除了 GPS 基线向量以外，还包括地面常规观测量，这些地面常规观测量可以是边长观测值、角度观测值或方向观测值等。平差所采用的起算数据一般为地面点的三维大地坐标，除此之外，有时还可加入已知边长和已知方位等作为起算数据。

$$V = B\hat{X} - L$$

式中，

$$\mathop{\boldsymbol{L}}_{(3m_G+m_D+m_A+m_O+m_Z)\times(3n+4+k)} = \begin{bmatrix} \mathop{\boldsymbol{L}_G}_{3m_G\times(3n+4+k)} & \mathop{\boldsymbol{L}_D}_{m_D\times(3n+4+k)} & \mathop{\boldsymbol{L}_A}_{m_A\times(3n+4+k)} & \mathop{\boldsymbol{L}_O}_{m_O\times(3n+4+k)} & \mathop{\boldsymbol{L}_Z}_{m_Z\times(3n+4+k)} \end{bmatrix}^T$$

其中，$\boldsymbol{L}_G = \begin{bmatrix} l_{G_1} & l_{G_2} & \cdots & l_{G_{m_G}} \end{bmatrix}^T$，为 GPS 基线向量的观测值减计算值项，假定第 l 条基线向量的两个端点分别为 i、j，则有 $l_{G_{ij}} = \begin{bmatrix} \Delta X_{ij} - \Delta X_{ij}^0 & \Delta Y_{ij} - \Delta Y_{ij}^0 & \Delta Z_{ij} - \Delta Z_{ij}^0 \end{bmatrix}^T$；$\boldsymbol{L}_D = \begin{bmatrix} l_{D_1} & l_{D_2} & \cdots & l_{D_{m_D}} \end{bmatrix}^T$，为空间距离的观测值减计算值项，假定第 l 个空间距离观测值的两个端点分别为 i、j，则有 $l_{D_l} = S_{ij} - S_{ij}^0$；$\boldsymbol{L}_A = \begin{bmatrix} l_{A_1} & l_{A_2} & \cdots & l_{A_{m_A}} \end{bmatrix}^T$，$\boldsymbol{L}_O = \begin{bmatrix} l_{O_1} & l_{O_2} & \cdots & l_{O_{m_O}} \end{bmatrix}^T$，$\boldsymbol{L}_Z = \begin{bmatrix} l_{Z_1} & l_{Z_2} & \cdots & l_{Z_{m_Z}} \end{bmatrix}^T$ 分别为方位角、方向、天顶距的观测值减计算值项；

$$\mathop{\boldsymbol{V}}_{(3m_G+m_D+m_A+m_O+m_Z)\times(3n+5)} = \begin{bmatrix} \mathop{\boldsymbol{V}_G}_{3m_G\times(3n+5)} & \mathop{\boldsymbol{V}_D}_{m_D\times(3n+5)} & \mathop{\boldsymbol{V}_A}_{m_A\times(3n+5)} & \mathop{\boldsymbol{V}_O}_{m_O\times(3n+5)} & \mathop{\boldsymbol{V}_Z}_{m_Z\times(3n+5)} \end{bmatrix}^T$$

$$\mathop{\boldsymbol{B}}_{(3m_G+m_D+m_A+m_O+m_Z)\times(3n+5)} = \begin{bmatrix} \mathop{\boldsymbol{B}_G}_{3m_G\times(3n+5)} & \mathop{\boldsymbol{B}_D}_{m_D\times(3n+5)} & \mathop{\boldsymbol{B}_A}_{m_A\times(3n+5)} & \mathop{\boldsymbol{B}_O}_{m_O\times(3n+5)} & \mathop{\boldsymbol{B}_Z}_{m_Z\times(3n+5)} \end{bmatrix}^T$$

其中，$\boldsymbol{B}_G = \begin{bmatrix} b_{G_1} & b_{G_2} & \cdots & b_{G_{m_G}} \end{bmatrix}^T$ 为设计矩阵中与 GPS 基线向量观测值有关的部分，假定第 l 条基线向量的两个端点分别为 i、j，则有

$$\boldsymbol{b}_{G_1} = \begin{bmatrix} \boldsymbol{0}_{3\times3} & \cdots & \underbrace{-\boldsymbol{I}_{3\times3}}_{\text{第}i\text{个子阵}} & \cdots & \underbrace{\boldsymbol{I}_{3\times3}}_{\text{第}j\text{个子阵}} & \cdots & \boldsymbol{0}_{3\times3} & \underbrace{\boldsymbol{T}_{D_{i,j}}}_{\substack{3\times4 \\ \text{第}n+1\text{个子阵}}} & \boldsymbol{0}_{3\times k} \end{bmatrix}$$

$\boldsymbol{B}_D = \begin{bmatrix} b_{D_1} & b_{D_2} & \cdots & b_{D_{m_D}} \end{bmatrix}^T$ 为设计矩阵中与空间距离观测值有关的部分，假定第 l 个空间距离的两个端点分别为 i、j，则有

$$\boldsymbol{b}_{D_l} = \begin{bmatrix} \boldsymbol{0}_{3\times3} & \cdots & \underbrace{-\boldsymbol{T}_{S_{ij}}}_{\substack{1\times3 \\ \text{第}i\text{个子阵}}} & \cdots & \underbrace{\boldsymbol{T}_{S_{ij}}}_{\substack{1\times3 \\ \text{第}j\text{个子阵}}} & \cdots & \boldsymbol{0}_{1\times3} & \underbrace{\boldsymbol{0}_{1\times4}}_{\text{第}n+1\text{个子阵}} & \boldsymbol{0}_{1\times k} \end{bmatrix}$$

$\boldsymbol{B}_A = \begin{bmatrix} b_{A_1} & b_{A_2} & \cdots & b_{A_{m_A}} \end{bmatrix}^T$ 为设计矩阵中与方位角观测值有关的部分，假定第 l 个方位角的两个端点分别为 i、j，则有

$$\boldsymbol{b}_{A_l} = \begin{bmatrix} \boldsymbol{0}_{1\times3} & \cdots & \underbrace{-\boldsymbol{T}_{A_{ij}} \quad \boldsymbol{T}_{T_i}}_{\substack{1\times3 \quad 3\times3 \\ \text{第}i\text{个子阵}}} & \cdots & \underbrace{\boldsymbol{T}_{A_{ij}} \quad \boldsymbol{T}_{T_i}}_{\substack{1\times3 \quad 3\times3 \\ \text{第}j\text{个子阵}}} & \cdots & \boldsymbol{0}_{1\times3} & \underbrace{\boldsymbol{0}_{1\times4}}_{\text{第}n+1\text{个子阵}} & \boldsymbol{0}_{1\times k} \end{bmatrix}$$

$\boldsymbol{B}_O = \begin{bmatrix} b_{O_1} & b_{O_2} & \cdots & b_{O_{m_O}} \end{bmatrix}^T$ 为设计矩阵中与方向观测值有关的部分，假定第 l 个方向的两个端点分别为 i、j，并与第 s 个定向角参数有关，则有

$$\boldsymbol{b}_{O_l} = \begin{bmatrix} \boldsymbol{0}_{1\times3} & \cdots & \underbrace{-\boldsymbol{T}_{A_{ij}}}_{1\times3} \underbrace{\boldsymbol{T}_{T_i}}_{3\times3} & \cdots & \underbrace{\boldsymbol{T}_{A_{ij}}}_{1\times3} \underbrace{\boldsymbol{T}_{T_i}}_{3\times3} & \cdots & \boldsymbol{0}_{1\times3} & \underbrace{\boldsymbol{0}}_{\substack{1\times4 \\ \text{第}n+1\text{个子阵}}} & \begin{bmatrix} 0 & \cdots & \underbrace{-1}_{\text{此子阵的第}i\text{个元素}} & \cdots & 0 \end{bmatrix} \\ & & \underbrace{}_{\text{第}i\text{个子阵}} & & \underbrace{}_{\text{第}j\text{个子阵}} & & & & \underbrace{}_{\text{第}n+2\text{个}1\times k\text{子阵}} \end{bmatrix}$$

$\boldsymbol{B}_Z = \begin{bmatrix} \boldsymbol{b}_{Z_1} & \boldsymbol{b}_{Z_2} & \cdots & \boldsymbol{b}_{Z_{m_Z}} \end{bmatrix}^{\mathrm{T}}$ 为设计矩阵中与天顶距观测值有关的部分，假定第 l 个天顶距的两个端点分别为 i、j，则有

$$\boldsymbol{b}_{Z_l} = \begin{bmatrix} \boldsymbol{0}_{1\times3} & \cdots & \underbrace{-\boldsymbol{T}_{A_{ij}}}_{1\times3} \underbrace{\boldsymbol{T}_{T_i}}_{3\times3} & \cdots & \underbrace{\boldsymbol{T}_{A_{ij}}}_{1\times3} \underbrace{\boldsymbol{T}_{T_i}}_{3\times3} & \cdots & \boldsymbol{0}_{1\times3} & \underbrace{\boldsymbol{0}_{1\times4}}_{\text{第}n+1\text{个子阵}} & \boldsymbol{0}_{1\times k} \\ & & \underbrace{}_{\text{第}i\text{个子阵}} & & \underbrace{}_{\text{第}j\text{个子阵}} & & & & \end{bmatrix}$$

$$\hat{\boldsymbol{X}}_{(3n+4+k)\times1} = \begin{bmatrix} \hat{\boldsymbol{X}}_1 & \hat{\boldsymbol{X}}_2 & \hat{\boldsymbol{X}}_3 \\ 3n\times1 & 4\times1 & k\times1 \end{bmatrix}^{\mathrm{T}}$$

其中 $\hat{\boldsymbol{X}}_1 = \begin{bmatrix} \hat{x}_1 & \hat{x}_2 & \cdots & \hat{x}_n \end{bmatrix}^{\mathrm{T}}$，为坐标参数；$\hat{\boldsymbol{X}}_2 = \begin{bmatrix} \hat{\omega}_X & \hat{\omega}_Y & \hat{\omega}_Z & \hat{m} \end{bmatrix}^{\mathrm{T}}$，为基准转换参数；$\hat{\boldsymbol{X}}_3 = \begin{bmatrix} \hat{\theta}_1 & \hat{\theta}_2 & \cdots & \hat{\theta}_k \end{bmatrix}^{\mathrm{T}}$，为定向角参数，$k$ 为定向角参数的数量。

2. 观测值权阵

在 GPS 网的联合平差中，观测值的权阵具有下面形式：

$$\boldsymbol{P}_{(3m_G+m_D+m_A+m_O+m_Z)\times(3m_G+m_D+m_A+m_O+m_Z)} = \mathrm{diag}\begin{pmatrix} \boldsymbol{P}_G & \boldsymbol{P}_D & \boldsymbol{P}_A & \boldsymbol{P}_O & \boldsymbol{P}_Z \end{pmatrix}$$

3. 起算基准

约束条件的形式与约束平差相同。

4. 方程的解

最终解的形式与约束平差相同。

9.5.4 三维平差中需关注的几个问题

1. GPS 网三维平差中随机模型的确定

（1）GPS 基线向量随机模型的模拟协方差阵

由 GPS 基线解算输出的方差-协方差阵是根据一定的精度估算公式计算的，由于测量中的许多误差没有估算到，所以往往过高地估计了测量精度，与其实际误差不相匹配。例如，会出现长距离的精度高于短距离的精度，因而造成单位权方差 $\hat{\sigma}$ 的 χ^2-检验不能通过。研究表明，这时可采用按 GPS 接收机的标称精度来模拟协方差阵，从而可获得更接近实际的误差。

一般 GPS 接收机厂商通过检核，出厂时会给出接收机的距离、方位、高差的标称精度公式

$$\left.\begin{aligned} M_{\mathrm{d}}^2 &= e_{\mathrm{D}}^2 + q_{\mathrm{D}}^2 D^2 \\ M_{\mathrm{A}}^2 &= e_{\mathrm{A}}^2 / D^2 + q_{\mathrm{A}}^2 \\ M_{\Delta\mathrm{H}}^2 &= e_{\Delta\mathrm{H}}^2 + q_{\Delta\mathrm{H}}^2 D^2 \end{aligned}\right\}$$

式中，D 是 GPS 基线端点之间的距离，e_{D}^2 和 q_{D}^2 表示基线在距离上的固定误差和比例误差，$e_{\Delta\mathrm{H}}^2$ 和 $q_{\Delta\mathrm{H}}^2$ 表示在高差上的固定误差和比例误差，而方位误差可写为

$$M_A^2 \frac{D^2}{\rho^2} = \frac{e_A^2}{\rho^2} + q_A^2 \frac{D^2}{\rho^2}$$

由空间地心直角坐标与站心直角坐标，以及站心直角坐标与站心极坐标之间的关系，可以将空间地心直角坐标表示的 GPS 基线向量 $(\Delta X, \Delta Y, \Delta Z)^T$ 转化成以基线起点 i 的站心直角坐标表示，进而可转化为以站心极坐标 $(D, A, \Delta H)^T$ 表示，并由它们之间的关系式求得微分关系式为

$$\begin{bmatrix} \mathrm{d}\Delta x_{ij} \\ \mathrm{d}\Delta y_{ij} \\ \mathrm{d}\Delta z_{ij} \end{bmatrix} = \boldsymbol{Q}_i \boldsymbol{K}_i \begin{bmatrix} \mathrm{d}D_{ij} \\ \mathrm{d}A_{ij} \\ \mathrm{d}\Delta H_{ij} \end{bmatrix}$$

根据协方差传播律，可导出由 GPS 基线的距离、方位和高差的标称精度估算其以空间直角坐标差表示的基线向量的模拟协方差公式：

$$\boldsymbol{\Sigma}_{l_{ij}} = \boldsymbol{Q}_i \boldsymbol{K}_i \mathrm{diag}\begin{bmatrix} M_D^2 & M_A^2 & M_{\Delta H}^2 \end{bmatrix} \boldsymbol{K}_i^T \boldsymbol{Q}_i^T$$

式中，

$$\boldsymbol{Q}_i = \begin{bmatrix} -\sin B_i \cos L_i & -\sin L_i & \cos B_i \cos L_i \\ -\sin B_i \sin L_i & \cos L_i & \cos B_i \sin L_i \\ \cos B_i & 0 & \sin B_i \end{bmatrix}$$

当基线长数十公里时，可取

$$\boldsymbol{K}_i = \begin{bmatrix} \cos A_{ij} \sin Z_i & -D_{ij} \sin A_{ij} \sin Z_i & -\cos A_{ij} \cot Z_i \\ \sin A_{ij} \sin Z_i & D_{ij} \cos A_{ij} \sin Z_i & -\sin A_{ij} \cot Z_i \\ \cos Z_i & 0 & 1 \end{bmatrix}$$

（2）GPS 网约束与联合平差中的随机模型

对于 GPS 网约束平差，其随机模型可采用基线解算得到的协方差阵或模拟协方差阵。由于这时只有一类观测量，假定各基线对应同一方差因子，通常取 $\sigma_0^2 = 1\ \mathrm{cm}^2$，则任一基线向量的权矩阵为

$$\boldsymbol{P}_{l_{ij}} = \sigma_0^2 \boldsymbol{\Sigma}_{l_{ij}}^{-1} = \boldsymbol{\Sigma}_{l_{ij}}$$

这里 $\boldsymbol{\Sigma}_{l_{ij}}$ 为基线解算输出或模拟方差 – 协方差阵。

对于 GPS 网联合平差，若平差只有边长和 GPS 观测量 σ_0^2，则边长观测值的权可根据测距仪的标称精度或鉴定实测精度计算：

$$P_{D_{ij}} = \sigma_0^2 / \left(a^2 + b^2 D_{ij}^2 \right)$$

式中，a^2，b^2 分别为仪器的固定误差和比例误差。GPS 基线向量的权同前，若平差中含有几类不同的观测值，则通常由某方向观测值的方差来确定其他观测量的权。这时还需考虑几类方差的匹配问题，因此需通过方差分量估计确定各类观测值的权。

2. GPS 网平差中转换参数的显著性检验

在网平差中转换参数作为附加参数列入，如果由平差获得的转换参数数值太小，以致可

以忽略，或者虽有一定大小，但其误差大得足以证明这一数值不可信。这时都必须对参数进行统计假设检验，以确定其是否在一定水平下显著存在。如果不显著，则应剔除。检验一般按 t 检验进行。统计假设检验的零假设是：H_0：$m=0$，$\omega_x=0$，$\omega_y=0$，$\omega_z=0$，备选假设是：H_1：$k\neq0$，$\varepsilon_x\neq0$，$\varepsilon_y\neq0$，$\varepsilon_z\neq0$，则可组成四个 t 统计量

$$T_m=\frac{m}{\hat{\sigma}_0\sqrt{Q_m}}\sim t(f)\qquad T_{\omega_x}=\frac{\omega_x}{\hat{\sigma}_0\sqrt{Q_{\omega_x}}}\sim t(f)$$

$$T_{\omega_y}=\frac{\omega_y}{\hat{\sigma}_0\sqrt{Q_{\omega_y}}}\sim t(f)\qquad T_{\omega_z}=\frac{\omega_z}{\hat{\sigma}_0\sqrt{Q_{\omega_z}}}\sim t(f)$$

这里 f 为 t 分布的自由度，$f=3n+u_t-t-r$，其中 n 为 GPS 网基线向量数，u_t 为约束条件数，t 为未知参数的个数，r 为转换参数的个数，而 Q_m，Q_{ω_x}，Q_{ω_y}，Q_{ω_z} 分别是各转换参数协因数阵所对应的主对角元素。

通常选择显著水平 $\alpha=0.05$，若 $T_i(i=m,\omega_x,\omega_y,\omega_z)$ 大于 $t_{\alpha/2}$，则拒绝零假设，认为该参数显著，在平差中应予以保留；否则，接受零假设，平差中应舍弃这种参数后重新进行平差处理。

3. 大地高对 GPS 网三维平差的影响

GPS 网三维约束平差与联合平差均需若干与 GPS 点重合的点的大地坐标系下的坐标 (B,L,H)，作为将 GPS 成果转换至地面坐标框架下的基准点，其中的大地高 H 通常是由水准或三角高程测量获得的正常高加上高程异常值求得的，即

$$H_{大}=h_{常}+\xi$$

其中，ξ 为高程异常值。

显然高程异常的精度直接影响该点大地高的精度，而目前我国大部分地区的高程异常值的精度为 $\pm0.5\sim\pm1$ m，西部边远地区其误差甚至为数米。不难想象，由这种含有较大误差的大地高作为基准对 GPS 网进行约束平差，必将导致平差后的 GPS 网产生变形，从而使成果的精度大大降低。

根据上面的分析，结合目前由正常高加上高程异常值获得的大地高的精度情况，显然不宜采用三维约束平差法对 GPS 网基线向量进行坐标转换。为避免大地高误差的影响，可采用的方法之一是准三维约束平差，即在平差中只取一个已知点的高程作为基准，其余已知点仅取其平面坐标作约束平差，是一种三维平差中的二维平面位置约束。但这并非真正意义下的三维约束平差，并且由其求出的三维坐标投影至高斯平面地面坐标系下，与该坐标系仍存在间隙。考虑到大多数工程和生产实用坐标系均是平面坐标和正常高系统，所以方法之二是将 GPS 基线测量成果投影到平面上，再进行二维平面约束平差。

4. GPS 网约束平差基准兼容性检验

在 GPS 网约束平差中，当采用多个地面网已知点作为基准时，这些点的精度必须保证，即各基准信息必须兼容一致；否则，将导致约束平差后的成果精度大大降低，使网产生变形。而且这种不准确的基准信息还会影响平差求出的坐标转换参数的准确性和可靠性。

事实上，地面各控制点由于建立时间的先后不同，测量的单位和仪器不同，以及地壳的不均匀运动，它们之间往往难以完全兼容一致。因此，必须研究、讨论基准兼容性的检验问题。基准兼容性的检验方法通常有 F 统计检验、基线向量改正数的分布检验、基准兼容性的

应变分析法。这三种检验方法具有一般性,它不仅适用于三维网,同时也可推广应用于二维网;不仅适用于 GPS 网,也适用于常规测量控制网。

9.6 GPS 网的二维平差

GPS 网的三维平差结果属于三维地心坐标下的测量成果,而在我国,实用的测量成果往往属于国家坐标系或地方独立坐标系,因此需要进行 GPS 网的二维平差。

GPS 网的二维平差应在某一参考椭球面上或是在某一投影平面坐标系上进行。因此,平差前,首先须将 GPS 网三维基线向量观测值及其协方差阵转换投影至二维平差计算面,即从三维基线向量中提取二维信息,平差计算面上构成一个二维 GPS 网。

GPS 网的二维平差也可分为无约束平差、约束平差和联合平差三类,平差原理及方法均与三维平差相同。由二维约束平差和联合平差获得的 GPS 平面成果,就是国家坐标系下或地方坐标系下具有传统意义的控制成果。平差中的约束条件往往是由地面网与 GPS 网重合的已知点坐标,这些作为基准的已知点的精度或它们之间的兼容性是必须保证的。否则由于基准本身误差太大而互不兼容,将会导致平差后的 GPS 网产生严重变形,精度大大降低。因此,在平差结束前,应通过检验发现并淘汰精度低且不兼容的地面网已知点,再重新进行平差。

9.6.1 GPS 网的二维投影变换

由三维 GPS 基线向量转换成二维 GPS 基线向量,应避免地面网不准确大地高所引起的尺度误差和网变形,保证 GPS 网转换后整体及相对几何关系不变。因此,可采用在一点上实行位置强制约束、在一条基线的空间方向上实行定向约束的三维转换方法,也可以在一点上实行位置强制约束、在一条基线的参考椭球面投影的法截弧和大地线方向上实行定向约束的准三维转换方法。转换后的 GPS 网与地面网在一个基准点上和一条基线上的方向完全重合,两网之间只存在尺度误差和残余定向差。

1. GPS 网至地面网的平移

设地面控制位置基准点在国家大地坐标系中的大地坐标为 $\left(B_T^0,\ L_T^0,\ H_T^0\right)$,由大地坐标与空间三维直角坐标的关系式可得该点在国家空间直角坐标系下的坐标为 $\left(X_T^0,\ Y_T^0,\ Z_T^0\right)$。

假定 GPS 网中基准点的坐标为 $\left(B_S^0,\ L_S^0,\ H_S^0\right)$,其他点为 $\left(B_{S_i},\ L_{S_i},\ H_{S_i}\right)$。而该基准点在 GPS 网的三维直角坐标为 $\left(X_S^0,\ Y_S^0,\ Z_S^0\right)$,由此可求得 GPS 网平移至地面测量控制网基点的平移参数为

$$\left.\begin{array}{l}\Delta X = X_T^0 - X_S^0\\[4pt]\Delta Y = Y_T^0 - Y_S^0\\[4pt]\Delta Z = Z_T^0 - Z_S^0\end{array}\right\}$$

于是,可将 GPS 网中其他各点坐标经下式平移到国家大地坐标系中:

$$X_{T_i} = X_{S_i} + \Delta X$$
$$Y_{T_i} = Y_{S_i} + \Delta Y$$
$$Z_{T_i} = Z_{S_i} + \Delta Z$$

利用大地坐标与空间直角坐标的反算公式可得各点在国家大地坐标系中的大地坐标 B_{T_i}、L_{T_i}、H_{T_i}。

2. 三维 GPS 网至国家大地坐标系的二维投影变换

平移变换已将 GPS 网与地面控制网在基准点上实现了重合,为使 GPS 网与地面控制网在方位上重合一致,可利用椭球大地测量学中的赫里斯托夫第一类微分公式。该公式给出了当基准数据发生变化时(起始点的大地坐标 dB/dL,方位 dA,长度 dS)相应的其他大地点坐标的变化值,进而实现两网在同一椭球面上的符合。

设 $B_1 = B^0 + \Delta B$,$L_1 = L^0 + \Delta L$,$A_1 = A^0 + \Delta A \pm 180°$,则有全微分公式:

$$\left.\begin{array}{l} dB_1 = p_1 dB^0 + p_3 \left(\dfrac{dS^0}{S}\right) + p_4 dA^0 \\[3mm] dL_1 = \dfrac{\partial \Delta L}{\partial B} dB^0 + \dfrac{\partial \Delta B}{\partial S} dS^0 + \dfrac{\partial \Delta L}{\partial A} dA^0 + dL^0 \end{array}\right\}$$

因为参考椭球是旋转椭球,因而当 L_0 有 dL_0 变化时,相当于起算子午面有了微小的变化,仅对经度 dL_1 有一个平移 dL_0 的影响,对 B_1 没有影响,为了书写方便,上式可写成:

$$dB_1 = p_1 dB^0 + p_3 \left(\frac{dS^0}{S}\right) + p_4 dA^0$$

$$dL_1 = q_1 dB^0 + q_3 \left(\frac{dS^0}{S}\right) + q_4 dA^0 + dL^0$$

式中

$$p_1 = \left(1 + \frac{\partial \Delta B}{\partial B}\right), \quad p_3 = \left(S \frac{\partial \Delta B}{\partial S}\right), \quad p_4 = \frac{\partial \Delta B}{\partial A}, \quad q_1 = \frac{\partial \Delta L}{\partial B}, \quad q_3 = S \frac{\partial \Delta L}{\partial S}, \quad q_4 = \frac{\partial \Delta L}{\partial A}$$

该式即为赫里斯托夫第一类微分公式。在该公式中,对于已经平移变换、两网在基准上重合的网,有 $dB^0 = 0$,$dL^0 = 0$。同时由于在进行三维至二维的投影变换时,往往难以准确确定两网的尺度差异,因此可将此变换留待约束(联合)平差时考虑,因而此时可设 $dS^0 = 0$,那么此处赫里斯托夫第一类微分公式就简化为

$$dB_1 = p_4 dA^0 \qquad dL_1 = q_4 dA^0$$

由椭球大地测量可知:

$$p_4 = -\cos B^0 \left(1 + \eta_0^2\right) \Delta L + 3\cos B^0 t_0 \eta_0^2 \Delta B \Delta L + \frac{1}{6} \cos^3 B^0 \times \left(1 + t_0^2\right) \Delta L^3$$

$$q_4 = \frac{1}{\cos B^0} \left(1 - \eta_0^2 + \eta_0^4\right) \Delta B + \frac{1}{\cos B^0} t_0 \left(1 - \frac{1}{2} \eta_0^2\right) \Delta B^2 - \frac{1}{2} \cos B^0 t_0 \Delta L^2 +$$

$$\frac{1}{3\cos B^0} \left(1 + 3t_0^2\right) \Delta B^2 - \frac{1}{2} \cos B^0 \times \left(1 + t_0^2\right) \Delta B \Delta L^2$$

式中

$$\eta_0 = e' \cos B, \quad t_0 = \tan B$$

根据两网起始坐标方位角之差 $dA = A_t^0 - A_s^0$,可得出 GPS 网各点在国家大地坐标系内与地面网起始基准点一致、起始方位一致的坐标:

$$\left. \begin{array}{l} B_1 = B_1 + \mathrm{d}B_1 \\ L_1 = L_1 + \mathrm{d}L_1 \end{array} \right\}$$

为了使平差计算及使用更加方便，二维平差通常是在平面上进行，可利用高斯投影计算公式将 GPS 各点由参心椭球坐标系投影到高斯平面坐标系。

3. 三维基线向量协方差阵至二维高斯平面协方差阵

除了将三维 GPS 网投影到二维平面上外，还应把相应的方差 – 协方差阵变换到二维高斯平面上。

由空间直角坐标系与椭球大地坐标系的关系可得任一条基线的大地坐标差关系为

$$\begin{bmatrix} \Delta x \\ \Delta y \\ \Delta z \end{bmatrix} = \begin{bmatrix} (N_1 + H_1)\cos B_1 \cos L_1 \\ (N_1 + H_1)\cos B_1 \sin L_1 \\ (N_1(1 - e^2) + H_1)\sin B_1 \end{bmatrix} - \begin{bmatrix} (N_0 + H_0)\cos B_0 \cos L_0 \\ (N_0 + H_0)\cos B_0 \sin L_0 \\ (N_0(1 - e^2) + H_0)\sin B_0 \end{bmatrix}$$

可将上式展开成三维级数形式，并通过对其求偏导得到空间直角坐标差与大地坐标差之间的全微分公式：

$$\begin{bmatrix} \mathrm{d}\Delta x \\ \mathrm{d}\Delta y \\ \mathrm{d}\Delta z \end{bmatrix} = \begin{bmatrix} a_B & a_L & a_H \\ b_B & b_L & b_H \\ c_B & c_L & c_H \end{bmatrix} \begin{bmatrix} \mathrm{d}\Delta B \\ \mathrm{d}\Delta L \\ \mathrm{d}\Delta H \end{bmatrix}$$

式中，$a_i, b_i, c_i (i = B, L, H)$ 为一阶偏导系数。

由于偏导系数矩阵是可逆的，于是可唯一地得到大地坐标差关于直角坐标差的微分关系：

$$\begin{bmatrix} \mathrm{d}\Delta B \\ \mathrm{d}\Delta L \\ \mathrm{d}\Delta H \end{bmatrix} = \begin{bmatrix} a_B & a_L & a_H \\ b_B & b_L & b_H \\ c_B & c_L & c_H \end{bmatrix}^{-1} \begin{bmatrix} \mathrm{d}\Delta x \\ \mathrm{d}\Delta y \\ \mathrm{d}\Delta z \end{bmatrix}$$

或

$$\mathrm{d}\Delta \overline{\boldsymbol{B}} = \boldsymbol{B} \mathrm{d}\Delta \overline{\boldsymbol{X}}$$

其中

$$\mathrm{d}\Delta \overline{\boldsymbol{B}} = \begin{bmatrix} \mathrm{d}\Delta B & \mathrm{d}\Delta L & \mathrm{d}\Delta H \end{bmatrix}^{\mathrm{T}}, \quad \mathrm{d}\Delta \overline{\boldsymbol{X}} = \begin{bmatrix} \mathrm{d}\Delta x & \mathrm{d}\Delta y & \mathrm{d}\Delta z \end{bmatrix}^{\mathrm{T}}$$

按协方差传播律，可得到大地坐标差与直角坐标差之间的协方差转换公式：

$$\boldsymbol{D}_{\Delta \bar{B}} = \boldsymbol{B} \boldsymbol{D}_{\Delta \bar{X}} \boldsymbol{B}^{\mathrm{T}}$$

而由高斯正算公式可得平面直角坐标差与椭球坐标差的全微分公式：

$$\begin{bmatrix} \mathrm{d}\Delta x \\ \mathrm{d}\Delta y \end{bmatrix} = \begin{bmatrix} \alpha_B & \alpha_L \\ \beta_B & \beta_L \end{bmatrix} \begin{bmatrix} \mathrm{d}\Delta B \\ \mathrm{d}\Delta L \end{bmatrix} = \boldsymbol{\alpha} \mathrm{d}\Delta \overline{\boldsymbol{B}}'$$

其中

$$\mathrm{d}\Delta \overline{\boldsymbol{B}}' = (\mathrm{d}\Delta B \quad \mathrm{d}\Delta L)$$

而

$$\alpha_B = N_0 \left(1 + \eta_0^2 - \eta_0^4 - \eta_0^6\right) + 3N_0 t_0 \left(\eta_0^2 - 2\eta_0^4\right)\Delta B, \quad \alpha_L = N_0 t_0 C_0 \Delta L$$

$$\beta_B = N_0 t_0 C_0 \left(-1 + \eta_0^2 - \eta_0^4\right) \Delta L , \quad \beta_L = N_0 C_0 + N_0 t_0 C_0 \left(-1 + \eta_0^2 - \eta_0^4 + \eta_0^6\right) \Delta B$$

由此，可得三维空间基线向量到二维高斯平面的协方差阵：

$$\boldsymbol{D}_{\text{高斯}} = \boldsymbol{\alpha} \boldsymbol{D}'_{\Delta B} \boldsymbol{\alpha}^{\mathrm{T}}$$

其中，$\boldsymbol{D}'_{\Delta B}$ 是 $\boldsymbol{D}_{\Delta B}$ 中与 ΔB，ΔL 有关的方差、协方差分量的子矩阵。

9.6.2　GPS 网的二维平差

由上述转换方法可将 GPS 基线向量及其协方差阵转换到二维国家大地平面坐标系下，网的二维平差即可在该平面上进行。

1. GPS 网二维约束平差的观测方程和约束条件方程

设二维基线向量观测值为 $\Delta \boldsymbol{X}_{ij} = \left(\Delta x_{ij} \quad \Delta y_{ij}\right)^{\mathrm{T}}$，而待定坐标改正数 $\mathrm{d}\boldsymbol{X} = \left(\mathrm{d}x_i \quad \mathrm{d}y_i\right)^{\mathrm{T}}$ 和尺度差参数 m 及残余定向差参数 $\mathrm{d}\alpha$ 为平差未知数，则 GPS 基线向量的观测误差方程为

$$\begin{bmatrix} V_{\Delta x_{ij}} \\ V_{\Delta y_{ij}} \end{bmatrix} = \begin{bmatrix} -1 & 0 \\ 0 & -1 \end{bmatrix} \begin{bmatrix} \mathrm{d}x_i \\ \mathrm{d}y_i \end{bmatrix} + \begin{bmatrix} 1 & 0 \\ 0 & 1 \end{bmatrix} \begin{bmatrix} \mathrm{d}x_i \\ \mathrm{d}y_i \end{bmatrix} + \begin{bmatrix} \Delta x_{ij} \\ \Delta y_{ij} \end{bmatrix} m + \begin{bmatrix} -\Delta y_{ij} / \rho \\ -\Delta x_{ij} / \rho \end{bmatrix} \mathrm{d}\alpha - \begin{bmatrix} l_{\Delta x_{ij}} \\ l_{\Delta y_{ij}} \end{bmatrix}$$

这里

$$\begin{bmatrix} l_{\Delta x_{ij}} \\ l_{\Delta y_{ij}} \end{bmatrix} = \begin{bmatrix} \Delta x_{ij} \\ \Delta y_{ij} \end{bmatrix} - \begin{bmatrix} x_j - x_i \\ y_j - y_i \end{bmatrix}$$

$$m = \left(S_G - S_T\right) / S_T , \quad \mathrm{d}\alpha = \alpha_G - \alpha_T$$

① 当网中有已知点的坐标约束时，则 GPS 网中与该点重合的点的基线向量的坐标改正数为零，即

$$\begin{bmatrix} \mathrm{d}x_i \\ \mathrm{d}y_i \end{bmatrix} = 0$$

② 当网中有边长约束时，则边长约束条件方程为

$$-\cos \alpha_{ij}^0 \mathrm{d}x_i - \sin \alpha_{ij}^0 \mathrm{d}y_i + \cos \alpha_{ij}^0 \mathrm{d}x_j + \sin \alpha_{ij}^0 \mathrm{d}y_j + \omega_{S_{ij}} = 0$$

此处

$$\left. \begin{aligned} \alpha_{ij}^0 &= \arctan \left(\frac{y_j^0 - y_i^0}{x_j^0 - x_i^0} \right) \\ \omega_{S_{ij}} &= \sqrt{\left(x_j^0 - x_i^0\right)^2 + \left(y_j^0 - y_i^0\right)^2} - S_{ij} \end{aligned} \right\}$$

这里的 S_{ij} 即为 GPS 网的尺度标准。

③ 当网中有已知方位角约束时，则其约束条件方程为

$$a_{ij} \mathrm{d}x_i + b_{ij} \mathrm{d}y_i - a_{ij} \mathrm{d}x_j - b_{ij} \mathrm{d}y_j + \omega_{\alpha_{ij}} = 0$$

式中

$$a_{ij} = \frac{\rho'' \sin \alpha_{ij}^0}{S_{ij}^0} , \quad b_{ij} = -\frac{\rho'' \cos \alpha_{ij}^0}{S_{ij}^0}$$

$$\omega_{\alpha_{ij}} = \arctan\left(\frac{y_j^0 - y_i^0}{x_j^0 - x_i^0}\right) - \alpha_{ij}$$

此处，α_{ij} 是已知方位角，它是 GPS 网的外部定向基准。

2. GPS 网与地面网的二维联合平差

GPS 网与地面网的二维联合平差是在上述 GPS 基线观测方程及坐标、边长、方位角的约束条件方程的基础上再加上地面网的观测方向和观测边长的观测方程。

方向观测值误差方程为

$$V_{\beta_{ij}} = -\mathrm{d}z_i + a_{ij}\mathrm{d}x_i + b_{ij}\mathrm{d}y_i - a_{ij}\mathrm{d}x_j - b_{ij}\mathrm{d}y_j - l_{\beta_{ij}}$$

这里 $\mathrm{d}z_i$ 是测站 i 上的定向角未知数，其近似值为 z_{ij}^0。

$$l_{\beta_{ij}} = z_{ij}^0 + \beta_{ij} - \alpha_{ij}^0$$

边长观测值误差方程为

$$V_{S_{ij}} = -\cos\alpha_{ij}^0\mathrm{d}x_i - \sin\alpha_{ij}^0\mathrm{d}y_i + \cos\alpha_{ij}^0\mathrm{d}x_j + \sin\alpha_{ij}^0\mathrm{d}y_j - l_{S_{ij}}$$

式中

$$l_{S_{ij}} = S_{ij} - S_{ij}^0$$

 复习题

1. GPS 网平差的目的有哪些？
2. 简述 GPS 网平差的类型。
3. GPS 网平差主要按哪几步进行？
4. 简述 GPS 网三维无约束平差的主要目的。

第10章 GPS高程测量

本章导读

本章主要介绍了正高、大地高、正常高三种高程系统；不同高程系统之间的关系；大地水准面模型法；高程异常的拟合方法；重力测量法；GPS高程测量的精度。

高程系统指的是与确定高程有关的参考面及以其为基础的高程。目前，常用的高程系统包括大地高系统、正高系统和正常高系统等。在工程应用中普遍采用的是正高系统和正常高系统。

10.1 概　　述

1. 大地水准面与正高

重力位（W）为常数的面称为重力等位面。由于给定一个重力位（W）就可以确定一个重力等位面，因而地球重力等位面的数量是无限的。在某一点处，其重力值 g 与两相邻重力等位面 W 与 $W+dW$ 之间的距离（dh）的关系为

$$dW = gdh \qquad\qquad (10-1)$$

由于重力等位面上点的重力值不一定相等，从式（10−1）可以看出，两相邻等位面不一定平行。

在地球重力等位面中，有一个称为大地水准面的特殊重力等位面，它是重力位为 W 的地球重力等位面，一般认为大地水准面与平均海水面一致。由于大地水准面具有明确的物理定义，因而在某些高程系统中被当作参考面。

大地水准面与地球内部质量分布有着密切的关系，由于该质量分布复杂多变，因而大地水准面虽具有明确的物理定义，却非常复杂。大地水准面的形状大致为一个旋转椭球，但在局部地区会有起伏。大地水准面差距或大地水准面起伏称为沿参考椭球面的法线，它是从参考椭球面至水准面的距离，在本书中统一用符号（N）表示，如图10−1所示。

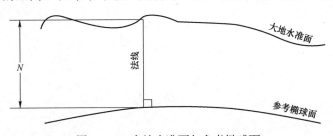

图10−1　大地水准面与参考椭球面

正高系统是以地球大地水准面为基准面的高程系统。某点的正高是从该点出发，沿该点与基准面之间各个重力等位面的垂线所量测的距离，如图10−2所示。需要指出的是，重力

的变化将引起垂线平滑而连续的弯曲，因而在一段垂直距离上，与重力正交的物理等位面并不平行。显然，垂线也不完全与地球参考椭球面的法线平行。在本书中，正高用符号 H_g 表示。作为大地高基准的参考椭球面与大地水准面之间的几何关系见图 10－2，可用式（10－2）表示为

$$N = H - H_g \tag{10-2}$$

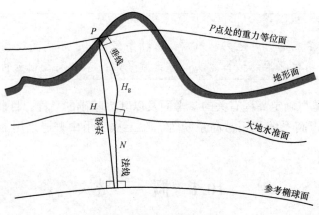

图 10－2　大地高和正高

其中，N 为大地水准面差距或大地水准面高，H 为大地高，H_g 为正高。虽然，在上述正高的定义中采用了一些几何概念，但实际上正高是一种物理高程系统。根据物理学原理，可以将重力位沿垂线的增量表示为

$$dW = -g(h)dh \tag{10-3}$$

其中，$g(h)$ 为垂线上各点的实测重力值。那么，对 dW 沿垂线从大地水准面到地面某点 P 进行积分，有

$$\Delta W = W_P - W_0 = \int_{\text{Geoid}}^{P} dW = -\int_{\text{Geoid}}^{P} g(h)dh \tag{10-4}$$

如果令沿垂线从大地水准面到地面某点 P 的平均重力值为 g_m，则有

$$g_m = \frac{\int_{\text{Geoid}}^{P} g(h)dh}{\int_{\text{Geoid}}^{P} dh} \tag{10-5}$$

由式（10－4）和式（10－5）可得

$$\frac{-\int_{\text{Geoid}}^{P} g(h)dh}{g_m} = \frac{\Delta W}{g_m} = \int_{\text{Geoid}}^{P} dh$$

由于有

$$\int_{\text{Geoid}}^{P} dh = H_g$$

这样，就得出了正高的物理定义：

$$H_g = -\frac{1}{g_m}\int_{\text{Geoid}}^{P} g(h)dh \text{ 或 } H_g = \frac{\Delta W}{g_m} \tag{10-6}$$

正高的测定通常采用水准测量的方法。

2. 似大地水准面与正常高

虽然正高系统具有明确的物理定义，但是由于难以直接测定沿垂线从地面点至大地水准面之间的平均重力值 g_m（需要利用重力场模型、地球内部质量分布及地形数据进行复杂的计算才能得到），所以通过式（10-6）确定地面点的正高有一定的难度。为了解决这一问题，莫洛金斯基提出了正常高的概念，即用平均正常重力值 γ_m。替代式（10-6）中的 g_m，从而得到正常高的定义：

$$H_\gamma = -\frac{1}{\gamma_m}\int_{\text{Geoid}}^{P} g(h)\text{d}h \ \text{或} \ H_\gamma = \frac{\Delta W}{\gamma_m} \tag{10-7}$$

由于 γ_m 可以精确计算，所以正常高也可以精确确定。似大地水准面是沿正常重力线由各地面点向下量取正常高后所得到的点构成的曲面。与大地水准面不同，似大地水准面不是一个等位面，它没有确切的物理意义，但与大地水准面较为接近，并且在辽阔的海洋上与大地水准面一致。沿正常重力线方向，由似大地水准面上的点量测到参考椭球面的距离称为高程异常，用符号 ζ 表示，如图 10-3 所示。点相对于似大地水准面的高度称为正常高，表示为 H_γ。ζ 与 H_γ 的关系为：

$$N + H_g = \zeta + H_\gamma \tag{10-8}$$

高程异常与大地水准面差距（N）的转换关系为

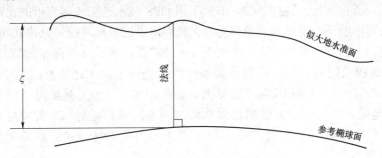

图 10-3 似大地水准面与参考椭球面

$$N = \zeta + \frac{g_m - \gamma_m}{\gamma_m} H_g \tag{10-9}$$

其中，g_m 为大地水准面与地球表面间铅垂线上的真实平均重力值，γ_m 为从参考椭球面沿法线方向到地球表面的平均正常重力值。H_g 与 H_γ，之间的转换关系为

$$H_\gamma = H_g + \frac{g_m - \gamma_m}{\gamma_m} H_g \tag{10-10}$$

正高系统和正常高系统都是工程应用中广为采用的高程系统，它们都可以通过传统的几何水准来确定。这种方法虽然非常精密，但却费时费力。从目前的理论和技术水平来看，GPS定位技术是一种可在一定程度上替代几何水准的高效方法。采用 GPS 技术所确定的大地高的精度可以优于 1 cm，要将所确定的大地高转换为正高或正常高而又不显著降低精度，需要具有相同精度的大地水准面或似大地水准面。大地水准面或似大地水准面为地形测图、GPS 水准、导航、水道测量、海洋测量和其他一些卫星定位提供了将大地高转换为正高（或正常高）的基础。

3. 参考椭球面与大地高

大地高系统是以参考椭球面为基准面的高程系统。某点的大地高是该点到通过该点的参考椭球面的法线与参考椭球面的交点间的距离。大地高也称为椭球高，在本书中用符号 H 表示。

大地高是一个纯几何量，不具有物理意义。它是大地坐标的一个分量，与基于参考椭球面的大地坐标系有着密切的关系。显然，大地高与大地基准有关，同一个点在不同的大地基准下具有不同的大地高。

4. 不同高程系统之间的关系

根据前面的内容，可将大地高、正高和正常高之间的相互关系总结如下。

$$H = H_g + N \text{ 或 } H_g = H - N$$

$$H = H_\gamma + \zeta \text{ 或 } H_\gamma = H - \zeta$$

$$H_\gamma = H_g + \frac{g_m - \gamma_m}{\gamma_m} H_g \text{ 或 } H_g = H_\gamma - \frac{\gamma_m - g_m}{\gamma_m} H_\gamma$$

5. GPS 高程测量

虽然正高和正常高均可以通过水准测量和重力测量得到，但是这些方法的作业成本非常高而作业效率又较低。随着 GPS 的出现，采用 GPS 技术测定点的正高和正常高，即 GPS 高程测量，引起了人们的广泛兴趣。不过，单独采用 GPS 技术是无法测定点的正高或正常高的，因为 GPS 测量得出的是一组空间直角坐标 (X,Y,Z)，通过坐标转换可以将其转换为大地经纬度和大地高 (B, L, H)，要确定点的正高或正常高，需要在基于参考椭球面和大地水准面或似大地水准面的高程系统间转换，也就是必须知道这些点上的大地水准面差距或高程异常。由此可以看出，GPS 高程测量实际上包括两方面的内容：一方面是采用 GPS 方法确定大地高，另一方面是采用其他技术方法确定大地水准面差距或高程异常。前者与 GPS 测量属一类问题，在本书中已进行了大量叙述；而后者本身并不属于 GPS 测量的范畴，而属于物理大地测量问题。

确定地面点大地水准面差距或高程异常的方法主要有：大地水准面模型法、重力测量法、等值线图法、区域几何内插法、转换参数法、整体平差法、区域（似）大地水准面精化法等。

我国使用的高程系统是正常高系统，下面的内容以正常高系统为例进行介绍。不过由于正高系统与正常高系统两个系统之间是可以相互转换的，所以经过很小的变化后同样适用于正高系统。另外，对于纯几何内插方法，无论是对正高系统还是对正常高系统，算法都是完全一样的。

10.2 大地水准面模型法

大地水准面模型是一个代表地球大地水准面形状的数学面，通常由有限阶次的球谐多项式构成，其形式为

$$N = \frac{GM}{R\gamma} \sum_{n=2}^{n_{max}} \sum_{m=0}^{n} \left(\frac{a_e}{R}\right)^n P_{nm}(\sin\Phi)(C_{nm}^* \cos m\lambda + S_{nm} \sin m\lambda)$$

式中，Φ，λ 分别为计算点的地心纬度和经度；R 为计算点的地心半径；γ 为椭球上的正常重力；a_e 为地球赤道半径；G 为万有引力常数；M 为地球质量；P_{nm} 为 n 次 m 阶伴随 Legendre 函数；C_{nm}^*、S_{nm} 为大地水准面差距所对应的参考椭球面重力位的 n 次 m 阶球谐系数；n_{max} 为球谐展开式的最高阶次。

大地水准面模型的基本数据为球谐重力位系数，所得到的大地水准面差距值是相对于地心椭球面的，模型精度取决于用作边界条件的重力观测值的覆盖面积和精度、卫星跟踪数据的数量和质量、大地水准面的平滑性及模型的最高阶次等因素。旧的针对一般用途的大地水准面模型的绝对精度低于 1 m，但目前最新的大地水准面模型的绝对精度有了显著提高，达到了几厘米。另外，通过模型得到的相对大地水准面差距的精度要比绝对大地水准面差距的精度高，因为计算点处存在的偏差（或长波误差）将在大地水准面差距的求差过程中被大大削弱。实践中，要得到特定位置处的大地水准面差距，可首先提取该位置周围规则化格网节点上的模型数值，然后采用双二次内插方法来估计所需的大地水准面差距。大地水准面模型的适用性很广，可在陆地、海洋和近地轨道中使用，不过目前全球性的模型在某些区域其精度和分辨率有限。

10.3　高程异常的拟合方法

在一个点上进行了 GPS 观测，可以得到该点的大地高 H。若能够得到该点的正常高 H_γ，就可计算该点处的高程异常：

$$\zeta = H - H_\gamma$$

其中，H_γ 可通过水准测量确定。

高程异常的拟合方法就是通过某一区域一些既进行了 GPS 观测又具有水准资料的点上的高程异常，采用数学拟合的方法，确定该区域中其他点上的高程异常。在普通工程中常采用多项式拟合的方法；对于覆盖面积较大的地区，也可以采用分区拟合或更复杂的多面函数法；对于山区，为获得较好的 GPS 高程测量精度，在进行高程异常的拟合时，可以考虑地形的影响。另外，若已有一个似大地水准面模型，为进一步提高精度，还可以采用对模型残差进行拟合的方法。

10.3.1　多项式拟合法

高程异常的多项式拟合法就是建立一个以二维位置参数为自变量的多项式函数模型，其函数值为高程异常，该多项式的系数根据一定数量的已知高程异常数据计算获得。

在进行多项式拟合时，可根据具体情况采用不同阶次的多项式，常用的有以下几种。

零次多项式（常数拟合）：

$$\zeta = a_0$$

一次多项式（平面拟合）：

$$\zeta = a_0 + a_1 \cdot x + a_2 \cdot y$$

二次多项式（二次曲面拟合）：

$$\zeta = a_0 + a_1 \cdot x + a_2 \cdot y + a_3 \cdot x^2 + a_4 \cdot y^2 + a_5 \cdot x \cdot y$$

式中，x, y 为二维坐标；a_i 为多项式系数。

利用测区中一些具有水准资料的公共点上大地高和正常高可以计算这些点上的大地水准面差距。若采用零次多项式进行内插，要确定 1 个拟合系数，至少需要 1 个公共点；若采用一次多项式进行内插，要确定 3 个拟合系数，至少需要 3 个公共点；若采用二次多项式进行内插，要确定 6 个参数，则至少需要 6 个公共点。以进行二次多项式拟合为例，存在一个这样的公共点，就可以列出一个方程：

$$\zeta_i = a_0 + a_1 \cdot x_i + a_2 \cdot y_i + a_3 \cdot x_i^2 + a_4 \cdot y_i^2 + a_5 \cdot x_i \cdot y_i$$

若存在 m 个这样的公共点，则可列出一个由 m 个方程组成的方程组：

$$\zeta_1 = a_0 + a_1 \cdot x_1 + a_2 \cdot y_1 + a_3 \cdot x_1^2 + a_4 \cdot y_1^2 + a_5 \cdot x_1 \cdot y_1$$
$$\zeta_2 = a_0 + a_1 \cdot x_2 + a_2 \cdot y_2 + a_3 \cdot x_2^2 + a_4 \cdot y_2^2 + a_5 \cdot x_2 \cdot y_2$$
$$\vdots$$
$$\zeta_m = a_0 + a_1 \cdot x_m + a_2 \cdot y_m + a_3 \cdot x_m^2 + a_4 \cdot y_m^2 + a_5 \cdot x_m \cdot y_m$$

当 $m > 6$ 时，可以采用最小二乘法确定多项式系数的最优估值。令

$$V = Bx - L$$

式中

$$B = \begin{bmatrix} 1 & x_1 & y_1 & x_1^2 & y_1^2 & x_1 \cdot y_1 \\ 1 & x_2 & y_2 & x_2^2 & y_2^2 & x_2 \cdot y_2 \\ \vdots & \vdots & \vdots & \vdots & \vdots & \vdots \\ 1 & x_m & y_m & x_m^2 & y_m^2 & x_m \cdot y_m \end{bmatrix}$$

$$x = \begin{bmatrix} a_0 & a_1 & a_2 & a_3 & a_4 & a_5 \end{bmatrix}^{\mathrm{T}}$$

$$L = \begin{bmatrix} \zeta_1 & \zeta_2 & \cdots & \zeta_m \end{bmatrix}^{\mathrm{T}}$$

解出多项式的系数为

$$x = (B^{\mathrm{T}} P B)^{-1} (B^{\mathrm{T}} P L)$$

式中，P 为高程异常已知值的权阵，可根据正常高和大地高的精度加以确定。

几何内插法简单易行，不需要复杂的软件，可以得到相对于局部参考椭球面的高程异常信息，适用于那些具有既有正高又有大地高的点并且其分布和密度都较为合适的地方。该方法所得到的高程异常的精度与公共点的分布、密度和质量及大地水准面的光滑度等因素有关。由于该方法是一种纯几何的方法，进行拟合时未考虑似大地水准面的起伏变化，因此一般仅适用于大地水准面较为光滑的地区，如平原地区，在这些区域，拟合的准确度可优于 1 dm，但对于大地水准面起伏较大的地区，如山区，这种方法的准确度有限。另外，通过该方法得到的拟合系数仅适用于确定这些系数的 GPS 网范围内。

10.3.2 多面函数拟合法

在地势起伏较大的区域，似大地水准面的起伏通常也较大，采用多项式拟合的方法确定高程异常其精度往往难以满足要求，采用多面函数模型进行拟合是解决这一问题的方法之一。多面函数拟合法是 1971 年由美国的 Hardy 提出，其基本思想是任何一个连续曲面均可以由一

系列规则的数学模型表面以任意的精度逼近。其实现方法是在每个插值点上，与所有的已知数据点分别建立函数关系（多面函数），将这些多面函数的值叠加起来，获取最佳的曲面拟合值。

设点的高程异常与其坐标 (X, Y) 之间存在如下函数关系。

$$\zeta = f(x,y) = \sum_{i=1}^{n} a_i Q(X,Y,x_i,y_i)$$

式中，a_i 为待定系数；x_i, y_i 为高程异常已知点的坐标；$Q(X,Y,x_i,y_i)$ 为核函数。

在高程异常的拟合中常用正双曲面形式的核函数

$$Q(X,Y,x_i,y_i) = [(X-x_i)^2 + (Y-y_i)^2 + \sigma]^{\frac{1}{2}} \qquad （10-11）$$

式中，σ 为光滑系数，可通过试算加以确定。

待定参数 a_i 可采用最小二乘的方法确定。将式（10-11）写成误差方程的形式，即

$$V = Bx - L$$

式中

$$B = \begin{bmatrix} Q_{1,1} & Q_{1,2} & \cdots & Q_{1,n} \\ Q_{2,1} & Q_{2,2} & \cdots & Q_{2,n} \\ \vdots & \vdots & & \vdots \\ Q_{m,1} & Q_{m,1} & \cdots & Q_{m,n} \end{bmatrix}$$

其中

$$Q_{i,j} = Q(X_i,Y_i,x_i,y_i)$$

$$x = [a_1 \quad a_2 \quad \cdots \quad a_n]^{\mathrm{T}}$$

$$L = [\zeta_1 \quad \zeta_2 \quad \cdots \quad \zeta_n]^{\mathrm{T}}$$

解出待定参数为

$$x = (B^{\mathrm{T}}PB)^{-1}(B^{\mathrm{T}}PL)$$

式中，P 为高程异常已知值的权阵，可根据正常高和大地高的精度加以确定。

10.3.3　山区高程异常的拟合

多项式拟合法和多面函数拟合法都是单纯的数学方法，在拟合过程中没有考虑引起似大地水准面起伏的物理信息。由地球重力场的相关理论可以知道，地形的起伏是引起地球重力场不规则变化的重要原因。因而在地形复杂的山区，仅采用单纯的数学方法进行高程异常的拟合，精度是难以满足要求的。通过引入高程异常的地形改正，可以提高山区高程异常拟合的精度。

设点的高程异常 ζ 可表示为长波部分 ζ_L 与短波部分 ζ_S 的和，即

$$\zeta = \zeta_L + \zeta_S \qquad （10-12）$$

其中，ζ_L 可用前面的方法求出，ζ_S 为地形改正。

按莫洛金斯基原理有

$$\zeta_S = \frac{T}{\gamma}$$

式中，T 为地形起伏对地面点的扰动位，γ 为地面正常重力。

$$T = G\rho \iint_\pi \frac{h - h_r}{r_0} \mathrm{d}\pi - \frac{G\rho}{6} \iint_\pi \left(\frac{h - h_r}{r_0} \right)^3 \mathrm{d}\pi$$

式中，G 为引力常数，ρ 为地球质量密度，h 为参考面的高程（平均高程面），h_r 为高程格网点坐标（通过 DTM 或地形图获得），

$$r_0 = [(x - x_p)^2 + (y - y_p)^2]^{\frac{1}{2}}$$

式中，x,y 为高程格网点的坐标，x_p, y_p 为待求点的坐标。

在进行山区高程异常的拟合时，可采用"移去—恢复"法进行。

① 计算所有 GPS 点上的高程异常地形改正 ζ_s。

② 由于公共点上高程异常已知，因而可计算这些点上的高程异常。

③ 将公共点上高程异常的长波项作为数据点，采用前面介绍的拟合法获得其他 GPS 点上的高程异常长波项，最后利用式（10－12）计算这些点上的高程异常。

10.3.4　模型残差拟合法

在 GPS 高程测量中，拟合的对象可以是高程异常本身（高程异常的拟合模型法），也可以是高程异常相对于某一给定似大地水准面模型的差异（高程异常的残差模型法）。

通常，在直接对高程异常进行拟合时未考虑似大地水准面起伏变化，因而拟合精度和适用范围均受到很大限制。模型残差拟合法较好地克服了拟合模型法的一些缺陷，虽然拟合的形式与拟合模型法相同，但模型残差拟合法拟合的对象并不是高程异常，而是它们的模型残差值，其处理步骤如下。

① 根据似大地水准面模型计算地面点（P）的高程异常（ζ）。

② 对 P 点进行常规水准联测，利用这些点上的 GPS 观测成果和水准资料求出这些点的高程异常 ζ。

③ 求出采用以上两种不同方法所得到的高程异常的差值，即似大地水准面模型残差。

④ 算出 GPS 网中所有进行了常规水准联测的点上的似大地水准面模型残差值。

⑤ 根据得到的似大地水准面模型残差值，采用内插方法确定 GPS 网中未进行常规水准联测的点上的似大地水准面模型残差值，并利用这些值对这些点上由似大地水准面模型所计算的高程异常进行改正，得出经过改正后的高程异常。

10.4　重力测量法

重力测量方法的基本原理是对地面重力观测值进行 Stokes 积分，得出大地水准面差距。其中，Stokes 积分为

$$N = \frac{R}{4\pi\gamma} \iint_S \Delta g S(\psi) \mathrm{d}S$$

式中，R 为地球平均半径；γ 为地球上的正常重力；$S(\psi)$ 为 Stokes 函数；Δg 为某个表面单元的重力异常（等于归化到大地水准面上的观测重力值减去椭球上相应点处的正常重力值）；ψ 为从地心所量测的计算点与重力异常点间的角半径。

原则上积分应在全球范围进行，在未采用空间技术之前，特别是未具有由球谐系数所提供的全球重力场之前，由于需要全球的重力异常，从而限制了该重力测量方法的使用。现在重力测量技术实际上是 Stokes 积分与球谐模型的联合，即

$$N = N_L + N_S$$

其中，N_L 为长波信息，N_S 是由表面重力积分所得出的短波信息，不过采用的是下面经过修改的公式

$$N_S = \frac{R}{4\pi\gamma} \int_0^{\psi_0} \int_0^{2\pi} f(\psi) \Delta g' \mathrm{d}\alpha \mathrm{d}\psi$$

积分仅在以计算点为中心、半径为 ψ_0 的有限区间中进行，而 $\Delta g'$ 为

$$\Delta g' = \Delta g + \Delta g_L$$

式中，

$$\Delta g_L = \frac{GM}{R\gamma} \sum_{n=2}^{n_{max}} \left(\frac{a_e}{R}\right)^n \sum_{m=0}^{n} P_{nm}(\sin\Phi)(C_{nm}^* \cos m\lambda + S_{nm} \sin m\lambda)$$

采用重力测量法得到的大地水准面差距信息是相对于地心椭球面的，其基本数据是计算点附近的地面重力观测值，仅适用于具有良好局部重力覆盖的区域。采用该方法得到的大地水准面差距的精度与重力观测值的质量和覆盖密度有关。与大地水准面模型法相似，该方法所确定的相对大地水准面差距精度要优于绝对大地水准面差距，其相对精度可达数十万分之一。

10.5　GPS 高程测量的精度

1. GPS 高程测量的精度概述

与常规水准测量相比，GPS 高程测量具有费用低、效率高的特点，能够在大范围的区域上进行高程数据的加密。但目前 GPS 高程测量的精度通常还不高，这主要有两个方面的原因：一是受制于采用 GPS 方法所测定的大地高的精度；二是受制于采用不同方法确定的大地水准面差距或高程异常的精度。

现在 GPS 测量的精度从 10^{-8} 到 10^{-5} 不等；采用重力位模型能够提供精度达到 $3 \times 10^{-6} \sim 10 \times 10^{-6}$ 的相对大地水准面差距；由简单的内插方法得到的大地水准面差距的精度差异较大，从 10^{-6} 到 10^{-5} 或更差，具体精度与内插方法、大地水准面差距、已知点的数量和分布及内插区域大地水准面起伏情况等因素有关。综合目前各方面的实际情况，GPS 水准最好能够达到三等水准的要求。GPS 水准指的是采用 GPS 技术测定点的正高或正常高。GPS 水准包括两方面内容：一是采用 GPS 技术确定大地高；二是采用其他技术或方法确定大地水准面差距或高程异常。

2. 提高 GPS 高程测量精度的方法

GPS 高程测量的精度取决于大地高和大地水准面差距两者的精度，因此要保证和提高 GPS 高程测量的精度必须从提高这两者的精度着手。大地水准面差距精度的提高有赖于物理大地测量理论和技术。从局部应用的角度看，在这方面的发展方向是建立区域性的高精度、高分辨率大地水准面或似大地水准面。目前，应用最新的全球重力场模型，结合地面重力数据、GPS 测量成果和精密水准资料所建立的区域性水准面或似大地水准面的精度已达到 2～3 厘米。要保证通过 GPS 测量所得到的大地高的精度，可以采用以下方法和步骤进行作业和数据处理。

① 使用双频接收机。使用双频接收机采集的双频观测数据，可以较彻底地改正 GPS 观

测值中与电离层有关的误差。

② 使用相同类型的带有抑径板或抑径圈的大地型接收机天线。不同类型的 GPS 接收机天线具有不同的相位中心特性，当混合使用不同类型的天线时，如果数据处理时未进行相位中心偏移和变化改正，将引起较大的垂直分量误差，极端情况下能达到分米级。有时，即使进行了相应的改正，也可能由于所采用的天线相位中心模型不完善而在垂直分量中引入一定量的误差。如果使用相同类型的天线，则可以完全避免这种情况的发生。至于要求天线带有抑径板或抑径圈，则是为了有效地抑制多路径效应的发生。

③ 对每个点在不同卫星星座和大气条件下进行多次设站观测。由于卫星轨道误差和大气折射会导致高程分量产生系统性偏差，如果同一测站在不同卫星星座和不同大气条件下进行了设站观测，则可以通过平均在一定程度上削弱它们对垂直分量精度的影响。

④ 在进行基线解算时使用精密星历。使用精密星历将减小卫星轨道误差，从而提高 GPS 测量成果的精度。

⑤ 基线解算时，对天顶对流层延迟进行估计。将天顶对流层延迟作为待定参数在基线解算时进行估计，可有效地减小对流层对 GPS 测量成果精度特别是垂直分量精度的影响。需要指出的是，由于天顶对流层延迟参数与基线解算时的位置参数不相互正交，因而要使其准确确定，必须进行较长时间的观测。

 **复习题**

1. 什么是正高、大地高、正常高？它们之间如何转换？
2. 什么是 GPS 水准？其作用是什么？
3. 高程异常的拟合方法包括哪些？

参 考 文 献

[1] 国家测绘局. 全球定位系统（GPS）测量规范：CH2001—1992. 北京：测绘出版社，1992.

[2] 黄劲松，李英冰. GPS 测量与数据处理实习教程. 武汉：武汉大学出版社，2010.

[3] 李征航，黄劲松. GPS 测量与数据处理. 2 版. 武汉：武汉大学出版社，2010.

[4] 刘大杰，施一民，过静珺. 全球定位系统（GPS）的原理与数据处理. 上海：同济大学出版社，1996.

[5] 刘基余，李征航. 全球定位系统原理及其应用. 北京：测绘出版社，1993.

[6] 徐绍铨，张华海，杨志强，等. GPS 测量原理及应用. 武汉：武汉大学出版社，2008.

[7] 张勤，李家权. GPS 测量原理及应用. 北京：科学出版社，2005.

[8] 中华人民共和国国家质量监督检验检疫总局，中国国家标准化管理委员会. 全球定位系统（GPS）测量规范（GB/T 18314—2009）. 北京：中国标准出版社，2009.

[9] 中华人民共和国国家质量监督局. 全球定位系统（GPS）测量规范：GB/T 18314—2001. 北京：中国标准出版社，2001.

[10] 中华人民共和国住房和城乡建设部. 卫星定位城市测量技术规范：CJJ/T 73—2010. 北京：中国建筑工业出版社，2010.

[11] HOFMANN-WELLENHOF B，LICHTENEGGER H，COLLINS J. Global positioning system: Theory and practice. 5th ed. Berlin: Springer.

[12] LEICK A. GPS satellite surveying. New York: John Wiley and Sons，1990.

[13] 施闯，刘经南，姚宜斌. 高精度 GPS 网数据处理中的系统误差分析. 武汉大学学报（信息科学版），2002（2）：148-152.

[14] 王昆杰，王跃虎，李征航. 卫星大地测量学. 北京：测绘出版社，1990.

[15] 於宗俦，鲁林成. 测量平差基础. 北京：测绘出版社，1983.

[16] 中华人民共和国建设部. 全球定位系统城市测量技术规程：CJJ 73—1997. 北京：中国建筑工业出版社，1997.

[17] 周忠谟. 地面网与卫星网之间转换的数学模型. 北京：测绘出版社，1984.

[18] 胡明城，鲁福. 现代大地测量学. 北京：测绘出版社，1993.

[19] 胡明城. 现代大地测量学的理论及其应用. 北京：测绘出版社，2003.

[20] 周忠谟，易杰军，周琪. GPS 卫星测量原理与应用. 北京：测绘出版社，2002.

[21] 周建郑. GPS 定位原理与技术. 郑州：黄河水利出版社，2005.

[22] 王勇智. GPS 测量技术. 北京：中国电力出版社，2012.

[23] 黄文彬. GPS 测量技术. 北京：测绘出版社，2011.

[24] 刘基余. GPS 卫星导航定位原理与方法. 北京：科学出版社，2003.

[25] 胡友健. 全球定位系统（GPS）原理与应用. 武汉：中国地质大学出版社，2003.

[26] 铁路工程技术标准所. 铁路工程卫星定位测量规范：TB 10054—2010. 北京：中国铁道出版社，2010.

[27] 黄声享，郭英起，易庆林. GPS 在测量工程中的应用. 北京：测绘出版杜，2007.

［28］边少锋，李文魁．卫星导航系统概论．北京：电子工业出版社，2005．

［29］陈俊勇，胡建国．建立中国差分 GPOS 实时定位系统的思考．测绘工程，1998（1）：6 - 10．

［30］陈小明，刘基余，李德仁．OTF 方法及其在 GPS 辅助航空摄影测量数据处理中的应用．测绘学报，1997（2）：101 - 108．

［31］国务院办公厅．国家卫星导航产业中长期发展规划．卫星应用，2013（6）：13 - 20．

［32］胡明城．IUGG 第 20 届大会大地测量文献综合报导．测绘译丛，1992（3）：1 - 28．

［33］李德仁，郑肇葆．解析摄影测量学．北京：测绘出版社，1992．

［34］李清泉，郭标明．GPS 测量数据处理系统（GDPS）设计．工程勘察，1993（3）：61 - 64．

［35］李延兴．首都圈 GPS 地形变监测网的布设与观测．中国空间科学技术，1996，16（2）：90 - 93．

［36］李毓麟．高精度静态 GPS 定位技术研究论文集．北京：测绘出版社，1996．

［37］陶本藻．测量数据处理的统计理论和方法．北京：科学出版社，2007．

［38］张勤，张菊清，岳东杰，等．近代测量数据处理与应用．北京：测绘出版社，2011．

［39］陶本藻．自由网平差与变形分析．武汉：武汉测绘科技大学出版社，1984．

［40］张福荣，田倩．GPS 测量技术与应用．成都：西南交通大学出版社，2013．